Blick auf den Bahnhof Bad Schandau im Mai 1966: Die Lok der Baureihe 58^{10} hat einen Güterzug in Richtung Dresden am Haken. Die beiden 86er bewältigen den Verkehr auf der Nebenbahn hinauf durch die Sächsische Schweiz nach Sebnitz und weiter bis Neukirch West (KK)

Dampflokparadies DDR

Sand für die Bauindustrie

Die 50 3519 passiert die Ortslage von Steudten im Muldental mit ihrem Sandzug von Rochlitz nach Glauchau. Der Chronist notiert den 6. September 1986 (GvH)

Ton Pruissen • Rudolf Heym

Dampflokparadies DDR

Die Reichsbahn der 1960er- und 1970er-Jahre in Farbe

GeraMond

Produktmanagement: Patrick Grootveldt
Schlusskorrektur: Helga Peterz, München
Redaktion: Michael Dörflinger, Augsburg
Umschlaggestaltung: jarzina kommunikationsdesign, Holzkirchen unter Verwendung eines Fotos von Jan-Willem van Dorp
Repro: Cromika s.a.s., Verona
Herstellung: Anna Katavic
Printed in Germany by Stürtz GmbH, Würzburg

Alle Angaben dieses Werkes wurden von den Autoren sorgfältig recherchiert und auf den aktuellen Stand gebracht sowie vom Verlag geprüft. Für die Richtigkeit der Angaben kann jedoch keine Haftung übernommen werden. Für Hinweise und Anregungen sind wir jederzeit dankbar. Bitte richten Sie diese an:

GeraMond Verlag
Postfach 40 02 09
D-80702 München
E-Mail: lektorat@verlagshaus.de

Die Deutsche Nationalbibliothek verzeichnet diese Publikation in der Deutschen Nationalbibliografie; detaillierte bibliografische Daten sind im Internet über http://dnb.d-nb.de abrufbar.

ISBN: 978-3-86245-111-9

Umschlaginnenseite vorne:
Eine perfekte Spiegelung der 99 7240 mit P 14451 ermöglicht der See kurz vor Harzgerode. (Foto: Michael Hubrich)

Umschlaginnenseite hinten:
Bei Eis und Schnee passiert die 44 1093 mit einem Güterzug Stadtilm. (Foto: Michael Hubrich)

Unser besonderer Dank gilt:
Wilfried Biedenkopf, Wolf-Dietger Machel, Jürgen Scheller, Hans Müller, Stephan Dietzel, Andreas Goschalla, Michael Reimer

Alle Aufnahmen dieses Buches – soweit sie nicht anders gekennzeichnet sind – stammen vom niederländischen Fotografen Jan-Willem van Dorp. Die Abkürzungen für die anderen Bildautoren bedeuten:

HvE	Hans van Engelen
JG	Johannes Glöckner
AG	Andreas Goschalla
GJG	Georg Johan Groenveld
JH	John Hartlooper
GvH	Gunter von Hartwig
RH	Rudolf Heym
DH	Dirk Höllerhage
KK	Klaus Kieper
FK	Friedhelm Köhler
RL	Ralph Lüderitz
HM	Hans Müller
AP	Adriaan Pothuizen
DS	Dirk Seiler
HVS	Hans-Volker Seiler
GS	VES-M, Slg. Gert Schütze
.JV	Joachim Volkhardt

Inhalt

Ein Eisenbahnland

Die DDR zu Ulbrichts Zeiten

Ost-Westkontakte

In Hof begegnen sich 1969 die bestens gepflegte V 180 101 der Reichsbahn und die 001 234 der DB. Ein Jahr später hat auch die Diesellok eine EDV-Nummer (HvE)

Es sollten Ulbrichts letzte zehn Jahre werden. 1961, gerade hatte der „Spitzbart" (am 15. Juni) noch verkündet „niemand hat die Absicht, eine Mauer zu errichten", da stand sie schon (13. August). Für den alten Stalinisten Walter Ulbricht begann das letzte Jahrzehnt seiner Macht. Es ging zu Ende, als an den Lokomotiven der Deutschen Reichsbahn die neuen EDV-gerechten Nummern angeschraubt waren.

Nun – so funktioniert natürlich Geschichte nicht. Staatschefs werden nicht gestürzt, weil Lokomotiven neue Nummern bekommen. Und trotzdem steckt ein Fünkchen Wahrheit in dem Satz.

Mit Ulbrichts Abgang 1971 endete eine Epoche des Lebens, Denkens, Arbeitens und Fühlens. Es war endgültig etwas vorbei, das vermeintlich 1945 schon in Schutt und Asche gelegen hatte.

Die zweieinhalb Jahrzehnte nach dem Ende des Zweiten Weltkrieges waren in vielen Bereichen der Wirtschaft und des Alltagslebens in der DDR nichts weiter als eine gewaltige Anstrengung, wenigstens den Zustand der Vorkriegszeit wieder zu erreichen. Und das geschah – wie konnte es anders sein – fast auf die gleiche Weise, wie vordem auch: Mit äußerster Härte, mit militärischer Arbeitsdisziplin, mit Muskelkraft und lange Zeit mit den alten, notdürftig in Stand gesetzten Produktionsmitteln, unter dauerndem Verzicht auf das, was wir heute als persönliche Freiheiten schätzen.

Stattdessen: Zack und stehen!

Drillich und Arbeitszeug. Schuften im Schweiße des Angesichts. Am Abend eine dünne Suppe und vielleicht ein wenig Geselligkeit. Das war im Osten sehr lange so und im Westen auch eine ganze Weile – dort natürlich recht schnell ohne die dünne Suppe, denn ausdrücklich war harte Arbeit dort bald mit dem „sich dafür etwas leisten können" gekoppelt. Im Westen sah der Arbeiter im Schaufenster, wofür er tagsüber malochte. Im Osten versprachen Propagandisten der Partei die lichte und helle Zukunft des Kommunismus, in dem dann alles umsonst sein sollte. Der Wettkampf der beiden konkurrierenden Weltsysteme wurde über eine große Strecke als ein Muskelspiel der Schwerindustrien, als einer von Energie, Zielstrebigkeit und Disziplin der Werktätigen ausgetragen.

In diesem Wettkampf stand der am Beginn materiell so miserabel ausgestattete Osten teilweise gar nicht schlecht da. Er verlor zuerst nur Stück um Stück, später immer schneller an Boden, als sich dieser Kampf zum Ende der sechziger Jahre auf andere Gebiete verlagerte; hin zur viel stärkeren Nutzung der menschlichen Intelligenz, hinein in den Mikrokosmos der Elektronik, hin zur weltumspannenden Ausbreitung der Medien, hin zur Informations- und Dienstleistungsgesellschaft. Dafür braucht man bewegliche, freie – auch vogelfreie – Menschen, den freien Austausch von Kapital, Daten, Gedanken und Informationen. Genau in diesem Moment hatte „zack und stehen" ausgedient. Und genau in jener Zeit rüsteten beide deutsche Bahnverwaltungen mit nur zwei Jahren Unterschied ihre Lokomotiven mit neuen Nummern aus, computerlesbaren Nummern.

Feierabend in Bautzen 1971

Kurz vor 16 Uhr, ein Volkspolizist (Dein Freund und Helfer!) schlendert mit einem Bekannten zum Zug. Die alten Abteilwagen und das Gerippe des Bahnsteigdaches sprechen Bände (AP)

Wer war dieser Walter Ulbricht?

Genau an dem Tag, da Hitler in Berlin sich das Leben nimmt, am 30. April 1945, landet auf einem Feldflughafen in der Nähe von Frankfurt (Oder) ein Flugzeug aus der Sowjetunion. An Bord Walter Ulbricht und einige Mitstreiter, ausgestattet mit dem Auftrag, sofort nach der Niederlage Hitlerdeutschlands die ersten politischen Kontakte in der Reichshauptstadt neu zu knüpfen. „Es muss demokratisch aussehen, aber wir müssen alles in der Hand haben", schrieb später Wolfgang Leonhard in seinem vielbeachteten Buch „Die Revolution entlässt ihre Kinder". Er war der jüngste unter den aus Moskau Eingeflogenen.

Ulbricht, geboren 1893, von Beruf Tischler, war bereits in den zwanziger Jahren ein geschickter Organisator in der Kommunistischen Partei gewesen. Nach der Machtübernahme der Nationalsozialisten emigrierte er in die Sowjetunion und überstand dort mit Glück und der ihm eigenen Rücksichtslosigkeit alle stalinistischen „Säuberungen".

Im Osten Deutschlands regiert nach dem Ende des Zweiten Weltkrieges die am 9. Juni 1945 geschaffene Sowjetische Militäradministration Deutschlands, die SMAD, per Befehl.

Alles, was an deutscher Verwaltung neu entsteht, ist der SMAD unterstellt. Sie hat ihren Sitz in Berlin-Karlshorst, ihr Chef ist anfangs Marschall Schukow. Schon der Befehl Nr. 2 der SMAD erlaubt die Gründung antifaschistisch-demokratischer Parteien. (Es muss demokratisch aussehen …). Im Juni 1945 werden KPD, SPD, CDU und LDP gegründet bzw.

konstituieren sich neu. Zum engsten Führungszirkel, dem Sekretariat der KPD, gehört Walter Ulbricht.

In jenen Wochen fliegt er ständig zwischen Moskau und der sowjetisch besetzten Zone Deutschlands (SBZ) hin und her, empfängt dort Weisungen Stalins und fädelt hier zielstrebig und geschickt die Machtübernahme der Kommunisten ein. Im April 1946 werden die SPD und die KPD zur SED vereinigt. Ihr Erster Sekretär heißt Walter Ulbricht.

Warum dann erst eine SPD? Man hätte ohne sie nie so viele Mitglieder zusammenbekommen ... Die Netto-Pro-Kopf-Produktion in der SBZ erreicht in jenem Jahr 22 Prozent des Wertes von 1936. Bedingslos führt die Siegermacht Sowjetunion ihre Politik der Demontagen und Reparationen bis 1948 fort. 200 der wichtigsten Betriebe werden zu Sowjetischen Aktiengesellschaften (SAG), in ihnen wird ein Viertel der Gesamtproduktion der SBZ erwirtschaftet.

Weitere Parteien und Massenorganisationen werden erlaubt und gegründet. Der Einfluss der Kommunisten ist überall massiv, nach außen hin entsteht aber das Bild eines demokratischen Erneuerungsprozesses. Bei den ersten (und letzten) freien Wahlen erringt die SED landesweit um die 45 Prozent der Stimmen, also nicht die absolute Mehrheit. Die Machthaber lernen daraus und „erfinden" ein speziell auf die deutschen Verhältnisse zugeschnittenes Blockwahlsystem, bei dem die Kandidaten vorher komplett festgelegt werden, und damit natürlich auch der Parteienproporz, selbstredend stetig steigend zugunsten der Kommunisten. Das Volk kann nur noch „Ja" sagen, bzw. den Wahlzettel ungültig machen. Es gehört eine gehörige Portion Mut dazu, sich so offen als Kritiker zu outen. Seither gehen alle Wahlen mit 98-Prozent-Ergebnissen zu Gunsten der Führung aus.

Im Thüringer Wald

Die 93 963 bewältigt im Sommer 1969 die Steigung vor dem Haltepunkt Bechstedt-Trippstein auf der Schwarzatalbahn nach Katzhütte. Sie gehörte zu den letzten Exemplaren der preußischen T 14¹ im Plandienst im Thüringer Wald (HM)

Längst hat weltweit der Kalte Krieg die kurze Phase der Verbrüderung der Supermächte in ihrer gemeinsamen Siegesfreude abgelöst. Die Sowjetunion braucht nun ein starkes Land an der westlichen Grenze ihres Machtbereichs und nicht ein leergeräumtes Agrargebiet. Am 7. Oktober 1949 wird im früheren Reichsluftwaffenministerium in Berlin die DDR gegründet. Ihr erster Prasident wird Wilhelm Pieck, Ministerpräsident wird Otto Grothewohl, sein Stellvertreter Walter Ulbricht. Im selben Jahr wird die SMAD aufgelöst.

1950 wird das Ministerium für Staatssicherheit gegründet. Es hat zuerst 1.000 Mitarbeiter, 1957 sind es schon 17.500. Eine Zeit brutaler Säuberungen beginnt, gleichzeitig laufen dem neuen Staat in Scharen die eigenen Leute davon. Mit dem Führungsanspruch der „Diktatur des Proletariats" werden Andersdenkende benachteiligt, mundtot gemacht oder einfach aus dem Weg geräumt. Weitere Massenorganisationen werden gegründet (FDGB – Freier Deutscher Gewerkschaftsbund, DFD – Demokratischer Frauenbund Deutschlands, FDJ – Freie Deutsche Jugend, DSF – Gesellschaft für Deutsch-Sowjetische Freundschaft, Junge Pioniere, u.a.). Alle klingen demokratisch, alle haben astronomische Mitgliederzahlen und alle sind fest in der Hand der SED. Alle haben nur einen Zweck: Es soll keinen Bürger mehr geben, der nicht in irgend einer Form organisiert und damit gebunden an Weisungen ist.

1952 liegt der Produktionsindex der DDR erstmals mit 108 Prozent über dem von 1936 (100). Im Westen ist man bereits bei 143 Prozent angelangt, beim Lebensstandard klafft die Schere noch weiter auseinander. Ulbricht reagiert mit noch mehr Härte. Arbeitsnormen werden hochgeschraubt, versprochene Erleichterungen verschoben. 1952 werden die Länder aufgelöst und neue Bezirke gebildet. Der letzte Rest Föderalismus ist somit beseitigt.

Am 5. März 1953 stirbt der große Diktator Stalin. Ulbricht ist sofort in Moskau. Wie nun weiter? In den ersten vier Monaten des Jahres 1953 sind selbst 2.700 SED-Mitglieder in die Bundesrepublik geflüchtet. Die Unzufriedenheit ist groß.

Moskau empfielt Anfang Juni einen milden Kurswechsel. Man weiß dort, dass Ulbricht die Menschen davon laufen. Doch Ulbricht ist Stalinist. Er ist selbstherrlich. Heimgekehrt hat er nichts Wichtigeres zu tun, als die Vorbereitungen auf seinen eigenen, den 60. Geburtstag ankurbeln zu lassen. Noch am 16. Juni 1953 kümmern sich ganze Heerscharen nur um den bevorstehenden Aufmarsch. Einen Tag später steht das Volk auf.

Jetzt geht es um die Erhaltung der Macht, und da kennt Moskau kein Pardon. Ulbricht wird gestützt, der Aufstand nieder geschlagen. Im Nachhinein werden alle Kritiker, die frühzeitig gewarnt hatten, aus ihren Ämtern entfernt. Ulbricht sitzt fester im Sattel als je zuvor.

1958 werden in der DDR die Lebensmittelkarten abgeschafft. Eine kurze Phase relativer wirtschaftlicher Stabilität und sinkender Flüchtlingszahlen führt umgehend zu Großmannssucht. Überschwänglich wird 1959 anlässlich der Verkündung des Siebenjahrplanes versprochen, im Laufe der kommenden sieben Jahre mit der Bundesrepublik wirtschaftlich gleichzuziehen.

Was gern vergessen wird: Es „flüchten" auch Bundesbürger in die DDR. Ihre Zahlen sind vergleichsweise gering, doch nicht zu unterschlagen. Als ich 1960 in Erfurt eingeschult werde, sitzt neben mir ein Junge aus Hannover. Seine Eltern waren überzeugt, dass die DDR die lichtere Zukunft Deutschlands verkörpert …

In der Landwirtschaft setzt 1959/1960 die zweite Phase der Zwangskollektivierung ein. Sofort explodieren die Flüchtlingszahlen wieder. Als 1960 der Präsident Wilhelm Pieck stirbt, nutzt Ulbricht die Chance: Das Präsidentenamt wird abgeschafft, dafür ein Staatsrat installiert. Den Vorsitz übernimmt Ulbricht selbst. Ebenso ist er Chef des Nationalen Verteidigungsrates und natürlich weiterhin Erster Sekretär der Staatspartei SED. Trotz Stalins Tod und einer zaghaften Entstalinisierung im großen Bruderland zieht Ulbricht in der DDR eisern und unbeirrbar seinen Kurs der Alleinherrschaft durch. Er hat nur ein Problem: Seine Menschen laufen ihm davon.

Und es sind ja in erster Linie die gut Ausgebildeten, die Beweglichen, die Ungebundenen, die jungen Leute, die flüchten. Menschen, die spürbare Lücken hinterlassen. Ulbricht hat nur eine Wahl: Er muss dieses, sein Volk einsperren, um es zu seinem Glück zu zwingen. In der Nacht vom 12. zum 13. August 1961 beginnt in Berlin der Bau der Mauer. Damit ist der letzte Fluchtweg – der nach Westberlin – zu, die Landgrenze zur Bundesrepublik war schon in den Jahren zuvor Schritt für Schritt unpassierbar gemacht worden.

Individualverkehr

Bautzen, April 1969: Alles echt, das ist kein Museum. Rechts das Moped vom Typ SR 2 wurde auch „Zwiebacksäge" genannt (GJG)

Frauen bei der Bahn

„Jetzt reicht's aber mit dem Fotografieren!" 1971 war es noch keinesfalls erlaubt. Doch die junge Aufsichterin sieht eher nicht so aus, als ob sie gleich die Polizei holen will (GJG)

Nun, da so einfach keiner mehr das Land verlassen kann, versucht der alte Stalinist Ulbricht es mit anderen Methoden. Der mit großem Propagandaaufwand 1959 verkündete Siebenjahrplan wird 1962 abgebrochen, es ist klar, dass die Ziele nicht zu schaffen sind – jedenfalls nicht mit Druck, Drill und Ideologie. „Materielle Interessiertheit" ist das neue Schlagwort, und tatsächlich dürfen erstmals einige Wirtschaftsfachleute begrenzt Ideen vorbringen. Neues Ökonomisches System der Planung und Leitung (NÖSPL) heißt das im Parteideutsch, und es zeigen sich kleine Erfolge. Doch Ulbricht ist zu sehr Stalinist, um solchen Experimenten zu trauen.

In vielen Lebensbereichen geht es nach wie vor um nichts anderes als die Herstellung des Vorkriegsstandards. 1965 ist der Wiederaufbau des Leipziger Hauptbahnhofes abgeschlossen. 20 Jahre nach Kriegsende.

Beide deutsche Staaten haben in jenen Jahren ein großes Problem: In ihrem wirtschaftlichen Wettlauf fehlen ihnen die Arbeitskräfte. Wirtschaftserfolge sind noch immer Erfolge von Massen von Arbeitern. Der Westen löst das Problem mit der Öffnung für Gastarbeiter. In der DDR müssen die Frauen ran. 1961 arbeiten 70 Prozent aller erwerbsfähigen Frauen, 1965 sind es 75 Prozent, 1973 gar 86! Noch wird jeden Sonnabend gearbeitet, erst 1966 gibt's jeden zweiten Samstag frei. Im Juni 1967 sagt Bundeskanzler Kiesinger zum ersten Mal „Ja" zu innerdeutschen Gesprächen. Zum ersten Mal wird die DDR von seiten der Bundesrepublik offiziell überhaupt akzeptiert, zur Kenntnis genommen – natürlich noch längst nicht anerkannt. Ulbricht sagt ab, aus Angst vor inneren Unruhen. Das ist neu: Lange Zeit war Ulbricht selbst in der Vorhand gewesen, hatte der BRD immer wieder Vorschläge zu den verschiedensten Angelegenheiten unterbreitet, genau kalkulierend, dass der Alleinvertretungsanspruch der herrschenden konservativen Regierungen jeden Kontakt verbot. So stand er als der offensive, auf gute Beziehungen bedachte Staatsmann da, konnte sich vorzüglich propagandistisch im Inne-

Grenzgänger

Die Erfurter 01 0530 und ihr Personal durften „planmäßig" in den Westen. Aufnahme bei Obersuhl 1971 (JG)

ren „verkaufen". Nun drehte der Westen den Spieß um. In ihren eigenen vier Wänden waren viele DDR-Bürger emotional sowieso eher dem Westen zugeneigt, und sei es nur aus Trotz. Kein Wunder bei so viel vordergründiger Agitation jeden Tag. 1966 hatten immerhin schon 54 von 100 DDR-Haushalten einen Fernsehapparat, und in den meisten Gegenden konnte das West-Programm recht gut empfangen werden. Es war also auch nichts mit der Geheimhaltung und Umdeutung bundesdeutscher Aktivitäten durch die DDR-Propaganda.

Die DDR reagiert unter anderem mit einer massiven Kampagne zur eigenen Geschichtsklitterung. Auf einmal soll es kein deutsches Bewusstsein mehr geben, keine deutsche Kultur und Wissenschaft, keine solche Nation, keine deutsche Literatur. Wenn, dann jeweils nur eine der DDR, bzw. des Bürgertums oder der Arbeiterklasse. Kehrt marsch, mitten aus der Bewegung. Hier kommt nicht zum ersten Mal Ulbrichts Angst zum Vorschein, die Macht zu verlieren.

Oschatz, 30. April 1969

Warum ist hier alles so geschmückt? Der folgende Tag ist der 1. Mai, Kampf- und Feiertag der Arbeiterklasse. Die 99 600 im Hintergrund fährt noch mit ihrem Originalkessel (GJG)

Auf den Prager Frühling 1968 gibt es dann natürlich nur eine Antwort: Niederschlagung. Als ein Jahr später, am 28. September 1969, bei der Wahl zum Deutschen Bundestag erstmals eine sozial-liberale Regierung möglich wird, gerät Ulbrichts starrer Dogmatismus noch mehr zur Posse. Neue Wirtschaftspolitik, aber starrer Stalinismus – seine Rechnung für diese sechziger Jahre wird nicht mehr aufgehen. Willy Brandts Politik des Zugehens auf den Osten verwirrt zusehends die Betonköpfe. Die Menschen in der DDR drücken vor den Fernsehern Brandt und seiner Politik die Daumen und gehen schweigend in ihre Betriebe. Die allgegenwärtigen Losungen sind hohle Floskeln, nur Westbesucher lesen sie aufmerksam, der DDR-Bürger schaut durch sie hindurch und beneidet höchstens den Plakatmaler um dessen guten Job. Beim Treffen in Erfurt zwischen Brandt und Stoph im März 1970 kommt es zu offenen Beifallsstürmen für Willy. Nicht für Willi Stoph.

Alterstarrsinn gebiert schließlich die Parole „Überholen ohne einzuholen". Den Widersinn erkannte jedes Schulkind. Die Planziele von 1971 waren unrealistisch und wurden stillschweigend reduziert. Der Lebensstandard in der DDR hinkte dem des Westens mit jedem Jahr spürbar mehr hinterher.

Im April 1971 fliegt Werner Lamberz im Auftrag eines Kreises aus dem ZK der SED um Erich Honecker nach Moskau und holt sich die Erlaubnis zum Sturz Walter Ulbrichts. Erich Honecker soll der neue Mann an der Spitze werden. Zähneknirschend bittet Ulbricht am 3. Mai 1971 „aus Altersgründen" um die Entbindung von seinen Pflichten. Keiner hat etwas dagegen.

Noch ist er Staatsratsvorsitzender. Da hilft ein Trick. Man gründet 1972 neu einen Ministerrat. Der Staatsrat ist nun bedeutungslos. Am 1. August 1973 stirbt Ulbricht.

Er bekommt noch ein Staatsbegräbnis. Dann beginnt langsam, aber sicher das Vergessen.

Harte Arbeit

Dienst auf der Dampflok war kein Zuckerschlecken. Hier wird die Schlacke der 94 2043 aus der Grube geschaufelt. Die alte sächsische XI HT hat bis in die 1970er Jahre überlebt, weil sie auf der Steilstrecke zum oberen Bahnhof in Eibenstock unersetzbar war. Wo sie fuhr, breitet sich heute ein Stausee aus (JG)

Westpakete

Wenn man sie öffnete, entströmte ihnen ein in der DDR unbekannter Duft. Hier liegen sie noch in Bebra, vielleicht fährt sie die Erfurter 01^5 in ein, zwei Stunden über die Grenze (JG)

Eigenheiten

Fast alles war genormt. Doch es gab auch Ausnahmen. Die Lokomotiven der Spreewaldbahn besaßen besonders schön geformte Ziffern auf ihren Nummernschildern. Die 99 5633 kann heute in Bruchhausen-Vilsen bewundert werden, nun mit Namen. Und der lautet: Spreewald (HM)

Mädchen für alles

Am 25. August 1971 steht in Görlitz die 38 2929 (mit Giesl-Ejektor) zur Abfahrt bereit. In Fahrtrichtung sind die Reste der Fahrleitungskonstruktion des ehemaligen schlesischen E-Netzes zu erkennen (GJG)

Schnellzüge der DR

Schnelle Züge?

Ein Inbegriff für Tempo konnte die Reichsbahn in der DDR zu keiner Zeit sein. Das lag in der Natur des Systems, in dem der Bahn, in dem das ganzen Landes. Der Bahn fehlten darüber hinaus auch die meisten Voraussetzungen: Zweigleisige, für höhere Geschwindigkeiten ausgebaute Strecken, neuzeitliches Wagenmaterial, eine ausreichende Zahl leistungsfähiger und schneller Loks. Der Mammutanteil der Baureihen 01, 03 und 03^{10} befand sich nach Kriegsende in Westdeutschland, nicht eine 01^{10} verblieb bei der Reichsbahn. Wie lange man auf die wenigen Maschinen dieser Baureihen noch baute, ja bauen musste, zeigt ihre gelungene Rekonstruktion zu den Baureihen 01^{5} (teilweise ölgefeuert) bzw. die Neubekesselung bei den Baureihen 03 und 03^{10} (teilweise ölgefeuert). Auch

Ölgefeuerte Drillinge

Das Bw Stralsund war die Hochburg der „entkleideten" 03^{10}. Die 03 1075 wurde im April 1968 in Rostock aufgenommen, rechts eine V 100 mit einer Doppelstockeinheit (HvE)

ältere Länderbahnbauarten, wie die preußischen S 10^{1} beider Spielarten, wurden wieder in Gang gesetzt, ein Teil sogar mit Kohlenstaubfeuerung ausgerüstet. Eine äußerst gelungene Verjüngungskur durchlebte die preußische P 10, Baureihe 39, zur Baureihe 22. Eine 41er vor einem Schnellzug war keine Seltenheit, ihr gutes Anzugsvermögen bei vielen Halten war wichtiger als die auf 90 km/h begrenzte Höchstgeschwindigkeit.

Es ging wie stets in der DDR um die sichere Beförderung von Menschenmassen, nicht um die sehr schnelle Beförderung einer herausgehobenen Klientel. Zu jeder Zeit waren die Züge der Reichsbahn langsamer als die in der Bundesrepublik. Zu dem erwähnten Hauptgrund der vielen eingleisigen Strecken mit ihren zahlreichen Kreuzungsaufenthalten (viele erst nach der Demontage durch die Sowjetunion in diesem Zustand) kamen noch weitere Ursachen:

- Die Struktur des Netzes brachte es mit sich, dass auch Hauptbahnen mit ungünstigen topographischen Verhältnissen (Steigungen, Krümmungen) mit D-Zügen befahren wurden (Beispiel: Glauchau – Gera – Jena – Weimar).

■ Darüber hinaus wurden vereinzelt auch Schnellzüge auf Nebenbahnen eingesetzt, die dafür ungeeignet waren (Beispiel: Urlauberschnellzüge nach Katzhütte). Hier ging es natürlich um eine umsteigefreie Verbindung für Erholungssuchende mit langer Anreise.

■ Der Strukturwandel setzte später ein als im Westen und zielte jahrelang auf Dieselbetrieb ab, der naturgemäß langsamer ist als der mit elektrischen Triebfahrzeugen.

■ Wegen des kleineren Netzes auf kleinerer Fläche waren die Halt-Entfernungen geringer. Züge, die öfter anhalten, sind – bei gleicher Höchstgeschwindigkeit – natürlich im Schnitt langsamer als länger durchlaufende.

■ Die zulässige Höchstgeschwindigkeit blieb auch auf rekonstruierten Fernstrecken auf 120 km/h beschränkt, während im Westen von 1958 an in rasch steigendem Umfang D-Züge mit Höchstgeschwindigkeit 140 km/h, später teilweise auch 160 km/h verkehrten.

■ Schließlich zogen Oberbaumängel umfangreiche Langsamfahrstellen nach sich. Dadurch erklären sich verschiedene Verlangsamungen von Zügen, die noch in Fahrplanperioden zuvor schneller gewesen waren.

Wie hoch war nun die mittlere Reisegeschwindigkeit aller Schnellzüge? Zu Grunde gelegt wird hierbei der Quotient aus Weg : Zeit über die gesamte Wegstrecke des Zuglaufs. In diesen Mittelwert gehen alle zuschlagpflichtigen Züge ein, also außer den D-Zügen alle FD-, FDt-, Express- und Dt-Züge, auch die Züge des Städteschnellverkehrs, jedoch keine Eilzüge. Dieser Mittelwert als repräsentativer Querschnitt betrug in Jahren, die ebenfalls als repräsentativ anzusehen sind:

■ 1949:	44,6 km/h
■ 1956:	51,2 km/h
■ 1961:	55,5 km/h
■ 1968:	53,2 km/h
■ 1969:	61,8 km/h
■ 1970:	65,1 km/h.

Berlin Ostbahnhof

September 1968: Mit einem D-Zug in Richtung Polen über Frankfurt (Oder) steht die 03 195 zur Abfahrt bereit. Gleich hinter der Lok ist ein polnischer WARS-Speisewagen eingestellt (JH)

Interessant und zur Vervollkommnung dieses Bildes unabdingbar sind dabei folgende, besonders schnelle Zugläufe, und zwar nach Antriebsarten getrennt:

■ Dampflok

Sommer 1951		
D 64	Berlin – Schwanheide	75,4 km/h
D 30	Berlin Anh Bf – Leipzig	74,7 km/h
Sommer 1961		
D 1160	Berlin Ostbf – Erfurt	78,4 km/h
D 1150	Berlin Ostbf – Leipzig	78,4 km/h
Sommer 1968		
D 1131	Dresden-Neustadt – Berlin-Karlshorst	81,7 km/h
Sommer 1970		
D 1153	Leipzig – Berlin-Schöneweide	96,7 km/h

■ Diesellok

Sommer 1969		
D 1193	Berlin-Lichtenberg – Rostock	90,0 km/h

■ Ellok

Sommer 1970		
D 73	Leipzig – Dresden-Neustadt	102,4 km/h
D 185	Magdeburg – Leipzig	98,9 km/h
D 32	Leipzig – Erfurt	98,5 km/h.

Für uns heute, die wir Tempo – und damit verbunden auch die unangenehmen Seiten Hektik und Stress – in allen Lebenslagen gewöhnt sind, bietet natürlich gerade dieses Fernreisen jener Jahre der Ulbricht-Ära gewisse nostalgische Reize. Doch wer etwa 1963 die gut 600 Kilometer Erfurt – Binz im Nachtschnellzug mit fünf Erwachsenen und drei Kindern im Abteil eines alten preußischen D-Zugwagens erlebt hat, mit all dem Gepäck, das man halt für zwei Wochen Ostseeurlaub braucht, möchte heutige Zugangebote oder einen geräumigen Caravan nicht missen. Überfüllung von Zügen war ein chronisches Handicap beim Reisen mit der DR. Ging es in der Wochenmitte noch leidlich, waren jeweils montags oder zum Wochenende die Züge des Fernreiseverkehrs oft völlig überfüllt. 13, 14 oder gar mehr Wagen waren keine Seltenheit, Aussteigen im Weichenbereich nichts Besonderes.

Die Eigenart der Nationalen Volksarmee, ihre Wehrpflichtigen stets möglichst weit von zu Hause zum Waffendienst zu rufen, führte dazu, dass jedes Wochenende Tausende von Soldaten von einem Ende des Landes ins andere gekarrt werden mussten. Junge Burschen aus dem Erzgebirge dienten in Eggesin, die aus Wismar bewachten die Grenze in der Rhön. Manche waren, Fußmärsche von sechs oder acht Kilometern eingerechnet, 20 Stunden unterwegs, bierseelig, wenn es heimwärts ging, deprimiert, wenn die Kasernen riefen. Dazu kamen Tausende von Studenten und die Montagearbeiter, die überall im Land an Großbaustellen im Einsatz waren. Unvorstellbar, dass es etwa Arbeiter, Soldaten (denen war es sogar verboten) oder Studenten zu einem Auto hätten bringen können, mit dem diese Reisen anders hätten bewerkstelligt werden können.

Hinzu kam, dass die Zahl der schnellen Fernreisezüge insgesamt gering war. Mitte der sechziger Jahre belief sie sich auf ca. 150, war rund jeder siebte Schnellzug ein „Interzonenzug", ein Wort, das sich aus der Zeit der Zonenteilung erhalten hatte, offiziell natürlich nicht gebraucht wurde. Diese Züge begannen oder endeten in einem Bahnhof der DB, ihre Benutzung war z.B. Soldaten verboten, während sie von normalen Reisenden im Binnenverkehr benutzt werden durften. Kontakte mit Bürgern der Bundesrepublik waren für Angehörige der Volksarmee streng verboten und meldepflichtig, beim Durchschnittsbürger nicht gern gesehen. Aber was sollte man tun? Die Leute mussten ja transportiert werden.

Besondere Züge waren jene aus den Großstädten in beliebte Urlaubsorte. Im Winter 1959/60 verkehrte sonntags das Zugpaar E 372/373 Leipzig – Schmiedefeld. Abfahrt für den E 372 in Leipzig war 6.00 Uhr, ab Erfurt wurde 8.04 Uhr gefahren, in Schmiedefeld war man um 10.34 Uhr. Viereinhalb Stunden für 182 Kilometer. Um 11.25 Uhr startete der selbe Train als E 373 zur Rückreise und langte um 16.14 Uhr im Leipziger Hauptbahnhof an. Ein typisches Zugpaar zur An- und Abreise der großstädtischen Winterurlauber. Wen kümmerte die lange Reisezeit? Wichtig war, dass man mit all dem Gepäck, den Skiern und Schlitten ohne Umsteigen ans Ziel kam.

Das Interessanteste an solch einem Zug war natürlich der dreimalige Lokwechsel. Leipzig – Erfurt dürfte von einer Altbau-01 oder einer gerade rekonstruierten 22er bewältigt worden sein. Von Erfurt nach Ilmenau war eine der neuen 65^{10} vorgespannt, und auf der Steilstrecke über den Rennsteig dann zwei oder sogar drei 94^{5}. Es gab auch Kurswagen über die fünf Kilometer der ehemaligen Kleinbahn nach Frauenwald (ab Bahnhof Rennsteig), dies dann mit einem Nassdampf-B-Kuppler der Baureihe 98. Kann es schönere „schnelle" Züge geben?

Beschleunigungen durch die Ablösung der Dampflokomotive waren zunächst ermutigend, namentlich zwischen Dresden und Leipzig, Leipzig und Magdeburg aber auch zwischen Berlin und Erfurt. Fatal war nur, dass die vorübergehend angebotenen kurzen Fahrzeiten nicht auf Dauer gehalten werden konnten. Oberbaumängel waren in erster Linie dafür verantwortlich.

Das Kraftpaket

Mit der Rekonstruktion der Baureihe 01 zur 01^5 schloss die Reichsbahn die Leistungslücke oberhalb der V 180. Als einzige besaß die 01 507 für einige Zeit alle drei Radsatzbauarten: Speiche, Boxpock und Scheibe (HM)

Von Stralsund nach Hamburg

Am 30. März 1968 hat die Stralsunder 03 1087 den D 162 nach Hamburg zu befördern. Ein „Silberling" war damals in der DDR der Inbegriff des glänzenden Westens (HM)

03 098

Die schon mit einem Mischvorwärmer, aber noch immer mit den großen Blechen ausgerüstete 03 098 durchmisst mit ihrem Zug die Landschaft des Fläming zwischen Wiesenburg und Roßlau (HM)

03 098

01^{5} mit Kohlefeuerung

Die 01 512 vom Bw Berlin Ostbahnhof hat in Helmstedt im Winter 1968 einen D-Zug übernommen. Über Magdeburg wird sie ihn auch bis an die Spree bringen. Noch besitzt die Maschine die Umlaufschürzen, später wurden diese entfernt (JH)

Bis an die Alster

Im April 1968 entstand dieses Foto der Reichsbahn-03 im Bahnhof Hamburg-Altona. Neben Bebra, Hof oder Helmstedt war Hamburg mit Abstand das weitest entfernte Ziel für die Reichsbahn-Lokomotiven im Westen (JH)

Bw Leipzig West

Wunderbare Lok-Porträts entstanden unter der aus dem „1000-jährigen Reich" erhalten gebliebenen Frakturschrift im Bw Leipzig West. So auch das der 03 098 am 6. April 1969 (HM)

01 512
HELMSTEDT

750-mm-Paradies

Sachsens Schmalspur

Das sächsische 750-mm-Schmalspurnetz war das größte seiner Art in Deutschland. Bis auf eine einzige Ausnahme (Zittau – Oybin/Jonsdorf) waren alle diese Strecken vom Staat erbaut worden, besaßen deshalb einheitliche Bauten, Anlagen und Fahrzeuge. Betrieben wurde auch die Zittauer Bahn von den Sächsischen Staatseisenbahnen.

Am 2. März 1880 hatte der sächsische Landtag die erste Strecke, jene von Wilkau nach Saupersdorf, genehmigt. Dem waren eingehende Diskussionen über den Sinn einer schmalen Spur für Sekundärbahnen vorausgegangen, 750 mm sind immerhin nur ein klein wenig mehr als die Hälfte der Regelspur. Zweifel schienen berechtigt, ob denn Bahnen, die zwar im Bau und im Betrieb sehr viel billiger als herkömmliche waren, auch zuverlässig und sicher auf Jahre hinaus funktionieren würden.

Sie wurden ein voller Erfolg! In rascher Folge eröffnete man bis zur Jahrhundertwende 24 Strecken, die bis 1913 durch Querverbindungen ergänzt wurden.

Bis Ende 1896 waren es bereits 383,7 Kilometer Schmalspur, dann ging der Wert ein klein wenig nach unten, da Klotzsche – Königsbrück auf Normalspur umgebaut wurde. Am 31. Dezember 1912 verfügten die Sächsischen Staatseisenbahnen über 507,9 Kilometer Schmalspurstrecken. Die letzte Neueröffnung war, schon unter der Ägide der Reichsbahn, der Abschnitt Oberdittmannsdorf – Klingenberg-Colmnitz 1923.

Manche dieser Strecken waren derart belastet, dass sie zweigleisig ausgebaut (Zittau Vorstadt – Bertsdorf, 1913) oder auf Regelspur (Heidenau – Altenberg, 1938) umgebaut wurden. Andere wiederum führten ein be-

Wilkau – Carlsfeld, die WCd-Linie

Mit dem GmP aus Rothenkirchen – die Linie WCd ist längst nicht mehr durchgehend in Betrieb – ist die 99 1561 gerade etwas vor Plan in Schönheide Mitte eingefahren. Der Herr im Bild links ist nicht Erich Honecker (AP)

schauliches Dasein oder erwachten lediglich in der herbstlichen Erntezeit zu reger Betriebsamkeit.

Nach dem Ende des Zweiten Weltkrieges wurden die Strecken Herrnhut – Bernstadt und Taubenheim – Dürrhennersdorf in der Lausitz als Reparationsleistung abgebaut. Die Strecke Zittau – Hermsdorf wurde stillgelegt, da das Territorium östlich der Neiße nun zu Polen gehörte. 1951 wurden zur Gewinnung von Oberbaumaterial die Linien Mosel – Ortmannsdorf (bei Zwickau) und Goßdorf-Kohlmühle – Hohnstein (in der Sächsischen Schweiz) stillgelegt, auch das Endstück Eppendorf – Großwaltersdorf.

Was nun noch da war vom 750-mm-Netz Sachsens – immerhin insgesamt 365 Kilometer – hielt bis in die sechziger Jahre durch. Zwei Ausnahmen sollen nicht unerwähnt bleiben: Bis 1962 wurde die meterspurige Strecke Reichenbach – Oberheinsdorf betrieben und bis 1964 verkehrte die ebenfalls meterspurige Bahn Klingenthal – Sachsenberg-Georgenthal, die rein äußerlich einer Straßenbahn glich, betrieblich aber eine Eisenbahn war.

Was machte den Reiz des Betriebes auf diesem von der Elbniederung bei Strehla bis unter den Fichtelberg bei Oberwiesenthal reichenden Netz aus? Es muss etwas mit dem sächsischen Naturell zu tun haben, das jeden Hügel sofort als „Schweiz" bezeichnet, das mit komplizierten Dingen gut klarkommt (nirgends gab es so viele Gelenklokomotivbauarten wie in Sachsen), das Gemütlichkeit im besten Sinne des Wortes verkörpert. Eine solch komplizierte Lokomotivbauart wie die IV K (Baureihe 99^{51-60}) bis weit in die 1980er Jahre in Betrieb zu halten (viele der Loks wurden von 1962 – 67 im Raw Görlitz regelrecht neu erbaut), zeugt einerseits von einem Mangel an Alternativen, ist andererseits jedoch auch blanker Tüftlergeist und eine recht liebenswerte Verschrobenheit. Einige IV K fahren heute noch, doch das ist eine andere Geschichte…

Alles war einheitlich bei den sächsischen Schmalspurbahnen – und

Im Herzen des Thumer Netzes

Mitten im Ort lagen die Bahnanlagen in der Erzgebirgsgemeinde Thum. Die 99 785 ist eine der DR-Neubauloks, die noch vor den Regelspur-Neukonstruktionen bei LKM in Babelsberg auf die Gleise gestellt wurden (JH)

trotzdem war jede Strecke völlig anders. Durch ein tief eingeschnittenes Tal inmitten der Lößnitz-Weinhänge führt (noch heute) die Linie von Radebeul Ost nach Radeburg. Durch welliges Ackerland fährt man (noch heute) von Oschatz nach Mügeln. Durch knietiefen Schnee kämpfen sich bullige 1'E1'-Tenderloks gen Oberwiesenthal auf 892 Meter Seehöhe bergan (noch heute). Im wildromantischen Rabenauer Grund sieht man aus dem vierten Wagen rechtwinklig vor sich die Lok (noch heute), so eng sind die Radien. Gibt es das alles wirklich noch? Es klingt manchmal wie ein Märchen.

Doch vieles ist in Ulbrichts letzten Jahren verschwunden. Wer kennt noch die Strecken Mulda – Sayda, Lommatzsch – Löthain, Nossen –

Wilsdruff – Freital-Potschappel, Schönheide Süd – Carlsfeld oder Wilischthal – Thum? Das Durchqueren Sachsens von Nord nach Süd auf 750-mm-Spur, von Strehla nach Frauenstein, war bis zum 14. Dezember 1964 noch möglich, zumindest theoretisch. Ob es wirklich einmal jemand versucht hat?

Im Winter 1959/60 z.B. hätte die Verbindung so ausgesehen:

■ Von Nord nach Süd

KBS 164 c, Strehla – Oschatz
5.53 – 6.45 Uhr

164 f, Oschatz – Mügeln
7.08 – 8.06 Uhr

164 p, Mügeln – Gärtitz
14.55 – 16.07 Uhr

164 n, Gärtitz – Lommatzsch
18.04 – 19.26 Uhr

Übernachtung

164 k, Lommatzsch – Meißen
4.41 – 5.59 Uhr

164 m, Meißen – Wilsdruff
8.47 – 9.56 Uhr (†)

164 h, Wilsdruff – Oberdittmannsdorf
12.24 – 13.03 Uhr

Übernachtung

Bahn und Straße

27. August 1971: Gerade fährt ein kurzer Zug in Cunersdorf nach Wilkau-Haßlau ab. Das sächsische Stationshaus liegt jenseits der Landstraße (GJG)

164 g, Oberdittm. – Klingenberg-Colmnitz
9.53 – 11.39 Uhr

168 d, Klingenberg-Colmnitz – Frauenstein
13.10 – 14.09 Uhr.

■ Und die Rückfahrt:

168 d, Frauenstein – Klingenberg-Colmnitz
5.10 – 6.05 Uhr (†)

164 g, Kl.-Colmnitz – Oberdittmannsdorf
7.00 – 8.43 Uhr

164 h, Oberdittmannsdorf – Wilsdruff
9.12 – 9.50 Uhr

164 m, Wilsdruff – Meißen
12.28 – 13.37 Uhr (†)

164 k, Meißen – Lommatzsch
19.10 – 20.44 Uhr (†)

Übernachtung

164 n, Lommatzsch – Döbeln Hbf
5.04 – 6.40 Uhr

164 p, Döbeln Hbf – Mügeln
7.31 – 8.46 Uhr

164 f, Mügeln – Oschatz
11.50 – 12.49 Uhr

164 c, Oschatz – Strehla
13.30 – 14.14 Uhr.

Ohne zumindest eine Übernachtung wäre es also auch auf der Rückfahrt nicht gegangen, und auch nur, wenn man die Reise an einem Sonntag angetreten hätte. Auf diese Weise wären 155,9 Kilometer auf 750-mm-Spur zurückgelegt worden.

Bis zum Herbst 1971 – das Jahr von Ulbrichts Absetzung – wurde alles stillgelegt, was ging. Zum Fahrplanwechsel 1972/73 sollte die Rbd Dresden „schmalspurfrei" sein. Klapprige Schmalspurbahnen passten nicht mehr in das Konzept einer sich modern gebenden DDR. Dass die parallel führenden Straßen meist genau so schlecht in Schuss waren wie das alte 750-mm-Gleis war dabei egal.

Man erreichte das Ziel nicht ganz. Übrig blieben wenige Strecken, und die neuen Computernummern passten kaum an die Rauchkammern der IV K. Dass dann z.B. zwischen Niederschmiedeberg und Wolkenstein noch weitere eineinhalb Jahrzehnte lang eben jene sächsischen IV K die halbe Kühlschrankproduktion der DDR durch das Preßnitztal schaukelten, gehört zu den Kuriositäten der Eisenbahn schlechthin – und in ein anderes Buch …

In der Heimat des Orgelbauers Silbermann

Auf dem Weg von Klingenberg-Colmnitz nach Frauenstein rollt die 99 713 am 12. August 1969 in Oberbobritzsch ein. In Kleinbobritzsch wurde 1683 Gottfried Silbermann geboren. Obwohl die Landschaft gar nicht nach Gebirge aussieht, werden bis Frauenstein 645 m Seehöhe erreicht. (GJG)

Hinauf zum Fichtelberg

Gerade hat ein Personenzug im Mai 1969 den Bahnhof Hammerunterwiesenthal verlassen und strebt nun dem Endbahnhof Oberwiesenthal zu. Unmittelbar hinter den Gleisen verläuft die Grenze zur Tschechoslowakei. Die dortigen Kohlekraftwerke werden mit ihren über den Erzgebirgskamm streichenden Abgasen in wenigen Jahren dafür sorgen, dass der Fichtenwald komplett stirbt. Heute wächst er wieder, Dank EU-gestützter Entschwefelungsanlagen in Tschechien (GJG)

Wildromantisch

Die Streckenführung im Rabenauer Grund zählt zu den schönsten in ganz Deutschland. Am 2. Mai 1969 zwängt sich der Zug hinauf nach Kipsdorf hinter Rabenau zwischen Wasser und Felsen durch einen Bogen mit Schutzschiene (GJG)

Freital-Potschappel

In Freital-Potschappel begann die Strecke nach Wilsdruff und Nossen. Im August 1969 rangiert dort die 99 653, eine Reko-VI K (JH)

Doppelte Ausfahrt

Zum Feierabend kurz nach 17 Uhr fuhren in Klingenberg-Colmnitz stets parallel zwei Züge – einer nach Frauenstein, einer nach Mohorn – aus. Der nach Mohorn brauchte für die 22 Kilometer über zwei Stunden! (GJG)

Mittagshitze

August 1969, die Situation in Mohorn von der Gegenseite. Kurz vor 14 Uhr wird sich dieser Zug mit der 99 713 auf den Weg nach Klingenberg-Colmnitz machen. Gegen halb 8 Uhr abends wird er wieder da sein. Fünfeinhalb Stunden für einen 44 Kilometer langen Umlauf mit drei Mann Personal! Das konnte nicht wirtschaftlich sein. Aber schön war's (GJG)..

Kurzzug

Ein Packwagen, eine „Klasse", wie die Sachsen sagen – das war der einfachste Zug. In Mohorn legt das Personal der 99 715 am 12. August 1969 einen Halt zum Wasserfassen ein. Auf der Tafel unterhalb des Lokschildes stand bei den VI K, dass beim Kuppeln Tender an Tender Lebensgefahr durch den zu engen Raum besteht (GJG)

Ob Sommerhitze ...

Alte Eisenbahn pur: Die 99 1606 hat mit ihrem Zug gerade das Ortsschild von Wilkau-Haßlau passiert und strebt nun Kirchberg entgegen. (Aufnahme vom 27. August 1971) (GJG)

... oder Eiseskälte:

Zuverlässig war die Schmalspurbahn immer. Im Winter 1969 kommt die 99 577 mit ihrem kurzen Zug von Kirchberg herunter. Ein einsamer 311er-Wartburg tuckert dort hin (GJG)

Grünstädtel – Oberrittersgrün

Ortsnamen, die auf der Zunge zergehen! Bei der bestens gepflegten 99 583 wird vor dem zweiständigen Lokschuppen in Oberrittersgrün Lösche gezogen. Die Häuschen oben am Hang verkörpern Erzgebirge pur (Bild vom 2. Mai 1969) (GJG)

Auf dem Weg in die Berge

Wie intensiv schon vor dem Bau der Schmalspurbahn (Eröffnung 1. Juli 1889) im Tal des Pöhlwassers dessen Energie genutzt worden war, zeigt dieses Bild bei Unterrittersgrün: Überall Mühlgräben für Säge- und Hammermühlen (GJG)

99 583
ZU RAW G6

Zugkreuzung

In Niederglobenstein kreuzten in aller Regel die beiden auf der Strecke im Einsatz befindlichen Garnituren. Am talwärts fahrenden Zug hat an diesem 2. Mai 1969 die 99 582 Dienst (GJG)

Zum Fichtelberg

Recht karg ist das Grün noch Anfang Mai 1969 im Erzgebirge. Kein Wunder, Neudorf liegt rund 700 Meter über Null. Die 99 778 ist gerade mit ihrem Zug im dortigen Bahnhof abgefahren und passiert nun die Landstraße. In knapp einer Stunde wird der Endbahnhof Oberwiesenthal erreicht sein (GJG)

Wolkenstein – Jöhstadt

Gute Laune herrscht ganz offensichtlich in Wolkenstein vor der Abfahrt des Personenzuges nach Jöhstadt am 2. Mai 1969.

Echte Holländer sind da zum Fotografieren! Bislang kannte man hier nur Rudi Carrell aus dem Fernsehen (GJG)

Material: Holz

Erzgebirgische Schnitzerei und die sächsische Wartebude in Streckewalde mit der Tafel „Fahrkarten im Zuge". Im Hintergrund das Sägewerk. Alles hat hier mit dem Holzreichtum der Wälder zu tun (GJG)

Vorbereitungsarbeiten

Wie viele Hände nötig sind, eine IV K auf die Fahrt vorzubereiten, verrät diese Aufnahme. Ein Linienbus wäre mit sehr viel weniger Personal ausgekommen. Doch Busse gab es nicht unbegrenzt, und die Straße im Preßnitztal war so schmal und so schlecht in Schuss, dass 30 km/h stellenweise halsbrecherisch waren. So fuhr halt die Bahn weiter … (HM)

Alles alt

Die 99 568 rollt im Mai 1969 in den Bahnhof Niederschmiedeberg ein. Nicht nur die sächsische IV K ist recht alt, überhaupt nichts auf diesem Bild ist neu, sieht man einmal von der jungen Frau unterm Stationsschild ab (GJG)

Preßnitzbrücke

Der Zug nach Jöhstadt auf einer typischen Schmalspurbrücke. Streckenläufer hatten diese tunlichst zu verlassen, wenn sich ein Zug näherte, der Platz reichte nur für einen (GJG)

99 568

Selketalbahn

Steil geht es bergan von Mägdesprung zur Scheitelstation Sternhaus-Ramberg. Im Frühjahr 1968 hat es die 99 5904 mit einem gemischten Zug zu tun, die steil aufschießende Rauchwolke verrät die Anstrengung. In den beiden O-Wagen dürften sich Guss-Kokillen aus der Gießerei in Harzgerode befinden – die wiegen einiges … (KK)

Schichtwechsel

Zwei preußische G 10, Baureihe 57^{10}, legen im März 1968 im Güterbahnhof Wismar eine Pause beim Rangieren ein, neues Personal ist im Anmarsch. Im Hintergrund die Kräne an den Hafenbecken (JH)

Arbeitszugdienst

Ebenfalls im März 1968 hat die Rostocker 38 2823 Dienst vor einem Arbeitszug. Dies und der nicht mehr vorbildliche Pflegezustand lassen auf ihr baldiges Ende schließen (JH)

99 5904

Dessau
50 3618

Kalk für die Chemieindustrie

Die 50 3618 eilt mit einem Kalkzug am 18. Februar 1968 durch den Bahnhof Dessau. Der Kalk stammt aus den Tagebauen um Rübeland im Harz (HM)

Kohle für die Volkswirtschaft

Das im Tal der Freiberger Mulde gelegene Städtchen Nossen war ein wichtiger Bahnknotenpunkt, auch mit Schmalspurteil. Ende April 1969 rangiert sich die 58 3029 ihren Zug in Richtung Döbeln selbst zurecht (GJG)

58 1044
DR
30
50 DR
943 0851-0
G

Bad Schandau

Mai 1966: Auf der Drehscheibe des kleinen Bahnbetriebswerkes steht die 58 1044. Im Hintergrund die Straßen- und Eisenbahnbrücke über die Elbe mit der Sebnitzer Strecke (KK)

„Rollwagen" – Baureihe 38$^{2-3}$

Ideal für die steigungs- und krümmungsreichen sächsischen Strecken war die sächsische 2'Ch2-Personenzuglok XII H2 mit ihrem Treibraddurchmesser von 1590 mm. In Roßwein rangiert mit der 38 234 um 1967 eines der letzten Exemplare (HM)

Krauschwitz
Kruświca
Kreis Weisswasser
Bezirk Cottbus
115

Muskauer Waldeisenbahn

Selbst diese 600-mm-Bahn in den Wäldern an der polnischen Grenze arbeitete unermüdlich im Dienste der Reichsbahn und transportierte Güter. In Krauschwitz wird ein Ochse zu seinem Gespann geführt, und dahinter hechelt die 99 3316 mit ihrem Zug vorüber. Das war DDR-Alltag im August 1971 (GJG)

Haupttransportgut Kohle

Dass die kleine Bahn hauptsächlich Braunkohle transportierte, ist unschwer an den aus den Drehschemelwagen herausgefallenen Resten im Gleis erkennbar (GJG)

Klein, kleiner, am kleinsten ...

Kleineisentransport im Jahre 1971. Selbst diese Loren mussten, da sie nun der Reichsbahn gehörten, eine entsprechende Nummer bekommen (GJG)

Noch regiert der Dampf

Blick in das Bw Görlitz im August 1971: Links die kalte 52 3820, eine Lok, die erst 1950 wieder aus der Tschechoslowakei zurück gekommen war. Rechts die modernisierte 52 3225 (Mischvorwärmer), in der Mitte eine Reko-03

Die „Bergkönigin"

Das ohrenbetäubende Röhren der ölgefeuerten 95 030 hallt von den Hängen zurück, als diese den Nassentelle-Viadukt bei Lauscha mit ihrem Güterzug überquert (HM)

Das Lok-Labor

Max Baumberg und die VES-M

Frisch hauptuntersucht

Vor dem Schuppen der VES-M in Halle steht die 03 002, gerade mit dem neuen Reko-Kessel ausgerüstet (GS)

Bereits Anfang der fünfziger Jahre wurde bei der Deutschen Reichsbahn begonnen, eine Versuchsanstalt für Lokomotiven und andere Bahnfahrzeuge nach dem Muster der LVA Grunewald aufzubauen. Maßgeblicher Initiator war der 1949 zum Generaldirektor der DR berufene Erwin Kramer (ab 1954 Minister für Verkehrswesen), der in Grunewald schon unter Hans Nordmann gearbeitet hatte und der um die Notwendigkeit solch einer Einrichtung bestens Bescheid wusste.

Halle an der Saale entwickelte sich zum Sitz dieser Versuchsanstalt, zuerst war man im Bw Halle P einquartiert, dann entstanden nach und nach die Anlagen parallel zur Volkmannstraße. Zum Leiter dieser Fahrzeug-Versuchs-Anstalt (FVA) wurde 1952 Max Baumberg berufen.

Baumberg (1906 – 1978) war ein exzellenter Eisenbahnfachmann. Geboren in Arnstadt legte er dort auch 1926 das Abitur ab. Nach einer einjährigen Praktikantenzeit im Raw Meiningen (dort hatte er hautnah mit den nagelneuen Einheitsloks der Baureihen 01 und 02 zu tun) begann er ein Maschinenbau-Studium an der TH München. Immer wieder nutzte er Semesterferien zum Geldverdienen, arbeitete als Heizer in verschiedenen Bahnbetriebswerken Süddeutschlands. Im Bw Offenburg lernte er so 1931 aus erster Hand die Baureihe 18^3 kennen, die bekannte badische IVh, eine Vierzylinder-Verbund-Schnellzuglok. Sie sollte – man kann das ruhig so sagen – seine große Liebe werden.

In Danzig legte Baumberg 1933 die Diplom-Hauptprüfung ab und trat danach als Bauführer in den Dienst der Reichsbahn. Er absolvierte die Lokführerprüfungen für Dampf- und Ellok und arbeitete abwechselnd in den verschiedensten maschinentechnischen Dienststellen der Reichsbahn und in der Forschung.

Zusammen zwölf Zylinder

In der Tat: Von insgesamt zwölf Zylindern werden diese drei Renner angetrieben. Außen die beiden rekonstruierten sächsischen XX HV, Baureihe 19^0, nun, zu Beginn der 1970er Jahre, Baureihe 04.00. In der Mitte Max Baumbergs Liebling, auch genannt „Schorsch", die 02 0314, vordem 18 314 (AP)

1945 bestätigte die Sowjetische Militäradministration den unumstrittenen Fachmann als Chef des Raw Stendal. Haarscharf entging er härteren Folgen einer Denunziation, wurde „nur" aus der SED geworfen (er war 1945 in die neugegründete SPD eingetreten und somit 1946 mit zwangsvereinigt worden, also einer von jenen, die der SED unfreiwillig hohe Mitgliederzahlen verschafft hatten) und als Werkleiter entlassen. Ein Vierteljahr später stellte man ihn wenigstens als Lokomotivführer wieder ein. Ein weit verbreitetes Schicksal in der DDR, „Bewährung in der Produktion" hieß das.

Dabei traf er Hans Wendler, der zu dieser Zeit mit seinen Kohlenstaublokomotiven experimentierte. Dieser verwendete sich höheren Orts für Baumberg, und Wendlers Wort zählte etwas in jenen Tagen. So berief man Baumberg zum Leiter der Halleschen Versuchsanstalt. 1960 wurde aus der FVA die Versuchs- und Entwicklungsstelle für Maschinenwirtschaft (VES-M), ihr Chef blieb weiterhin Max Baumberg.

Baumberg scharte erstklassige Fachleute um sich. Er selbst war ein großer Anhänger der Verbundtechnik. Schon in Stendal hatte er sich eine bayerische Gt 2 x 4/4 „besorgt", für die Kurierfahrten eine ungarische 2'C-Lok. In Halle versammelte er die schnellsten, schönsten aber auch kompliziertesten Dampflokomotiven der ganzen Reichsbahn. Sein „Lieblingskind" blieb jedoch die Baureihe 18^3, die badische IVh. 1948 hatte er bereits mit Theodor Düring vom Versuchsamt Göttingen den Austausch der 18 434, die in der SBZ verblieben war, gegen die 18 314 eingefädelt. 1952 holt er sich diese Maschine als Bremslok nach Halle.

Dort wurde alles getestet, was die Reichsbahn in jenen Jahren auf die Schienen stellte. Die Lokomotiven mit der Wendlerschen Kohlenstaubfeuerung, die Neubaulokomotiven, die

„Schorsch" in Saalfeld

Die 18 314 hat einen ganz normalen Personenzug von Halle nach Saalfeld gebracht. Ob es die Reisenden registriert haben? Im März 1969 war so etwas durchaus noch alltäglich (JH)

mit Giesl-Ejektor ausgestatteten Maschinen, die ölgefeuerten, die Reko-Lokomotiven und neue Wagen. Erstmals nahm die Versuchsanstalt bei der Gestaltung der Reko-Loks selbst das Heft des konstruktiven Handels in die Hand. Parallel zur Arbeit an den Dampflokomotiven mauserten sich schon die ersten Vertreter der neuen Traktionsarten und verlangten eingehende Untersuchungen auf völlig neuem Terrain.

Ungeheuer viel Arbeit war zu leisten. Als 1967 die ersten Baumuster der neuen V 100 getestet wurden, bremste hinter dem Messwagen noch eine sächsische XX HV, eine 19^0. Die letzten großen Vierzylinder-Verbund-Renner halfen nagelneuen Dieselloks auf die Sprünge. Die Palette der ausgefallenen VES-M-Dampfloks reicht über die 03 1010, 07 1001 (Umbau aus französischer 231-E-18), 08 1001 (Umbau aus französischer 241-A-4), 18 201 (Umbau aus der 61 002), 18 314, die 19 015 und 19 022, 23 001, 44 012 (Mitteldruck-Lok), 50 831 bis hin zur 79 001, einer französischen 2'D2'h4v-Tenderlok. Ein großartiges Arsenal, die beiden 18er sind bis heute erhalten.

Apropos Erhaltung: Baumberg war in der DDR der Initiator des Museumsgedankens. Auf seine Intervention bei Minister Erwin Kramer hin wurden 1966 vom Verkehrsministerium 27 Dampflokomotiven offiziell als erhaltungswürdig eingestuft. Das war in einem zentralistisch regierten Land der Garantieschein für ihre Pflege über Jahrzehnte hinweg.

1971 ist Baumberg 65 Jahre alt. Er geht in den Ruhestand, der Parteilose wird vorher noch zum Reichsbahn-Direktor ernannt. 1971 erleidet auch seine 18 314 einen Zylinderschaden. Sie wird nie wieder aus eigener Kraft fahren. Es ist das selbe Jahr, in dem auch Ulbricht abdanken muss – Zufälle am Ende völlig unterschiedlicher deutscher Lebenswege …

Am Schicksal Max Baumbergs lässt sich belegen, dass mit Fachkenntnis, menschlicher Stärke, Verantwortungsbewusstsein und genügend Durchsetzungsvermögen auch in einem zentralistisch regierten Land Inseln entstehen konnten, wo allein Vernunft, Weitsicht und Verstand regierten und Parolenreiter und austauschbare Karrieristen keine Chance hatten. Mit noch mehr Abstand wird man zu dem Schluss kommen, dass es an keinem Ort der Welt jemals anders war.

Auf Messfahrt

Die laut Pufferbohlen-Anschrift am 31. Juli 1961 in Halle zwischenuntersuchte 78 218 steht hier mit Messwagen der VES-M im Bahnhof Suhl (GS)

Die Schnellste mit 175 km/h

Zur vielleicht bekanntesten Lokomotive der Versuchsanstalt in Halle (Saale) wurde die 18 201. Entstanden war sie 1961 durch einen grundlegenden Umbau der Schnellfahr-Tenderlok 61 002. Mit dem Neubaukessel 39E und den Außenzylindern und der Schleppachse der H 45 024 wurde ein Einzelstück geschaffen, das auch heute immer wieder für Furore sorgt (HM)

Donnerbüchsen, Rippenbrecher, Reko-Wagen

Personenzüge der DR

Mecklenburgische T 4 – 91[19]

Auf der ehemaligen Kreisbahn Perleberg hielten sich sehr lange einige Lokomotiven der Baureihe 91[19]. Im April 1968 gelang diese Aufnahme der 91 1909 in Pritzwalk (KK)

Ein Personenzug der Reichsbahn war immer ein „kunterbunter" Zug, und das nicht wegen seiner Farben.

Bereits 1952 begann in Bautzen die Entwicklung eines vierachsigen Nahverkehrswagens, die Serie wurde ab 1955 gebaut. Eingesetzt wurden die 200 Wagen dann aufgrund ihrer sehr guten und weichen Laufeigenschaften zuerst im schnellen Verkehr. Gleichzeitig verließen die ersten Bauarten von neuen Doppelstockzügen (vier- und zweiteilig) die Werkshallen in Görlitz. Nach 1955 wurde auch begonnen, ältere Länderbahnwagen mit zwei und drei Achsen zu rekonstruieren. Es blieb lediglich das Untergestell bzw. Teile davon übrig. Der Aufbau war völlig neu. Mit diesen auch „Reko-Büchsen" genannten Wagen, knapp 2.700 wurden es insgesamt, bekamen die Züge erstmals ein etwas einheitliches Bild, weil die Wagen in der Regel in Verbänden liefen und nur selten zusammen mit älteren Fahrzeugen. Der Fahrkomfort war nicht entscheidend besser als vorher, was natürlich auch am Oberbau lag. Zumindest fuhr man nun auf grünen Kunstledersitzen statt auf Holzlattenbänken. Ehemalige Schichtarbeiter verfluchen die „Büchsen" noch heute: Schlafen war unmöglich, weil in Kopfhöhe eine Eisenstange verlief, als Haltegriff für die Stehenden. Jeder Schienenstoß hieb einen wieder wach.

Ebenso wurden ab 1964 vierachsige Vorkriegswagen rekonstruiert, erkennbar an ihren Schwanenhals- oder anderen älteren Drehgestellen. Trotzdem blieben bis in die beginnenden 1970er Jahre z.B. in der Lausitz noch die ersten Einheits-Abteilwagen von 1921 im Einsatz.

Wenn man es nicht erlebt hat, kann man es sich heute nicht mehr vorstellen, was es bedeutete, siebeneinhalb Stunden in einem „Rippenbrecher", einen preußischen Abteilwagen, auf

Holzbänken auszuhalten. Das rhythmische Poltern der Schienenstöße hielt einen wach – oder wiegte in den Schlaf, je nach Temperament. Es weiß heute kaum noch jemand, wie schön ein Dreiachser klappert und dabei rhythmisch nickt; eins, zwei, drei – eins, zwei, drei ... Dazu das Heulen, das wie Sturm von draußen klang, aber irgendwie mit Riffeln in den Schienen oder auch Laufflächen der Räder zu tun gehabt haben muss. Das konnte sich zu Tönen steigern, die vielleicht Hunde schön finden und die Glas fast zum Zerspringen brachten. An jeder Station Türen auf, rums, einen Koffer vor die Knie, Gezeter, kalte Zugluft. Eine Reise, die ich selbst des öfteren erlebte, war jene aus dem heimatlichen Erfurt nach Haldensleben zur Großmutter. Aus Sparsamkeit wurde Personenzug gefahren, es ging um jede Mark. 1959/60 sah das so aus:

■ Erfurt Hbf	ab 12.07 Uhr	P 615
Magdeburg Hbf	an 17.34 Uhr	
■ Magdeburg Hbf	ab 19.32 Uhr	P 630
Haldensleben	an 20.29 Uhr.	

Im Tal der Zschopau

In Wolkenstein setzt sich im Mai 1969 ein Personenzug nach Annaberg-Buchholz in Bewegung. Auf dem Bergsporn über dem Zschopautal erhebt sich – beinahe in den Wolken – das Schloss (GJG)

Zwischen Erfurt und Magdeburg war zwei Mal Lokwechsel, in Sangerhausen und Güsten. Das dauerte jeweils gut eine Viertelstunde, Gelegenheit, sich die Beine zu vertreten. Erinnern kann ich mich an eine 38^{10} als Zuglok, vielleicht einmal eine Magdeburger 41 auf dem letzten Abschnitt. Die zwei Stunden Aufenthalt in Magdeburg waren hochwillkommen für einen kurzen Stadtbummel. Das Zentrum der im Kriege völlig zerbombten Stadt bestand aus viel grüner Wiese und gerade neu hochgezogenen Bauten im Stile der Berliner Stalinallee. Dort hin ging es nicht eher, bevor uns Mutter in einer Toilette die Gesichter und Hände abgewischt hatte, denn die waren voller Ruß. Ein feuchter Waschlappen in einem Igelitt-Beutel gehörte zur Standardausrüstung jeder Zugfahrt.

Dann ging es weiter, hinter einer Haldenslebener 64 oder $75^{4,\,10-11}$ – einer badischen VIc – oder einer für mich damals nicht zu identifizierenden ehemaligen Privatbahnlok mit astronomisch hoher Nummer. Die Gemütlichkeit in Großmutters guter Stube entschädigte für die Strapazen von reichlich acht Stunden Fahrt über 196 Kilometer. Die reine Reisegeschwindigkeit – den Magdeburger Aufenthalt einmal herausgenommen – betrug so etwas mehr als 27 km/h. Radrennfahrer der Tour de France sind entschieden schneller. Schlafen mussten wir bei Großmutter übrigens auf dem Wäscheboden in einer Kammer, denn die Wohnung wurde mit einer in Magdeburg ausgebombten Familie geteilt ...

Typisch für den Personenzugverkehr war die starke Betonung des Berufsverkehrs, in der Nähe großer Betriebe an den dortigen Schicht-Arbeitszeiten orientiert. Insgesamt war das Zugangebot – gemessen an heutigen Taktverkehren – gering, hatte man einen Zug verpasst, war stundenlanges Warten angesagt. War der Weg nicht zu weit, strebte man zu Fuß nach Hause, sechs, acht Kilometer laufen war immer noch besser, als auf den „Lumpensammler" abends um elf zu warten.

In Ballungszentren waren die Züge entsprechend lang, nicht zuletzt deshalb spielte die Reichsbahn eine Vorreiterrolle bei der Entwicklung der Doppelstockzüge. Nur so waren die Menschenmassen zu transportieren. Auf dem Land waren stets auch gemischte Züge – als PmG oder GmP – an der Tagesordnung. Sie prägten das Bild der Nebenbahnen in der Altmark, im Erzgebirge, um Torgau, im Thüringer Becken oder auf den vielen Schmalspurbahnen. Schnell waren diese Züge natürlich erst recht nicht, aber um Tempo ging es nicht.

Namentlich die Altmark besaß ein für diese landwirtschaftlich geprägte Gegend ein heute unvorstellbar dicht gefächertes Netz an normalspurigen Nebenbahnen. Im Rechteck zwischen Oebisfelde, Salzwedel, Geestgottberg und Stendal fuhren noch bis weit in die sechziger Jahre hinein neben einem bunten Sammelsurium an Triebwagen 52er, 64er und eine Vielzahl verschiedenster ELNA-Bauarten, die 1949 in den Reichsbahnpark gelangt waren.

Diese ELNA-Lokomotiven waren auch an der Ostsee in Barth, in Görlitz (D-Kuppler für die Strecke nach Weißenberg), in Ebeleben oder Bad Langensalza (auf den ehemaligen Thüringer Kleinbahnstrecken), in Torgau oder Arnstadt (beim Rangieren) anzutreffen.

Die Vielfalt der im Personenzugdienst eingesetzten Lokomotiven war enorm. Eine Abgrenzung nach Baureihen ist eigentlich nicht vorzunehmen. Natürlich war die P 8 (38^{10}) prädestiniert, auch die Neubaulokomotive der Baureihe 23^{10}. Aber es rumpelten auch preußische G 7^{1} (55^{0}) vor zwei ausgedienten preußischen D-Zugwagen über die Schienen (Erfurt West – Nottleben, bis 1964) oder es schoben in Eibenstock die sächsischen 94^{20} ihre Garnitur über 50 Promille Steigung bergan. Und selbstverständlich fuhr die allgegenwärtige 52er stets auch Personenzüge.

Alles war möglich. Auch, das Land von Nord nach Süd im Personenzug zu durchqueren. Hier die längstmögliche Reise im Winter 1959/60:

■ Saßnitz	ab 5.10 Uhr	P 868
Stralsund	an 6.36 Uhr	
■ Stralsund	ab 6.55 Uhr	P 524
Berlin-Lichtenberg	an 14.12 Uhr	
■ Berlin-Lichtenberg	ab 15.34 Uhr	P 838
Bitterfeld	an 20.56 Uhr	
■ Bitterfeld	ab 21.29 Uhr	P 1426
Leipzig Hbf	an 22.13 Uhr	
Übernachtung		
■ Leipzig Hbf	ab 3.25 Uhr	P 4202
Plauen (Vogtl) ob Bf	an 7.43 Uhr	
■ Plauen (Vogtl) ob Bf	ab 7.50 Uhr	P 2074
Adorf	an 9.04 Uhr	
■ Adorf	ab 9.27 Uhr	P 2076
Radiumbad Brambach	an 10.04 Uhr	

Das ist natürlich eine fiktive Fahrt über 640 Kilometer, die so kaum jemand unternommen haben wird. Interessant ist daran, dass es in jenen Jahren noch zahlreiche Personenzug-Langläufe gab, die es einem ermöglichten, ohne Zuschlag (wer den Pfennig nicht ehrt, …) und umsteigefrei sehr lange Strecken zu bewältigen. Bei Familienreisen spielte dies eine nicht zu unterschätzende Rolle.

Die DDR hinkte – außer im Sport – der Bundesrepublik eigentlich stets in allen Belangen hinterher. Trotzdem war die Deutsche Reichsbahn bei der Ausmusterung ihrer letzten preußischen P 8 schneller als die Bundesbahn:
In Zittau wurde im Dezember 1972 mit der 38 3860 die letzte DR-P 8 aus dem Verkehr genommen, wohingegen die Bundesbahn mit der 038 772 noch bis zum 30. Dezember 1974 fuhr. Das ist schon erstaunlich. Oder einfach nur ein Qualitätsbeweis für die gute, alte P 8 …

50 Promille Steigung

Im reinen Schiebebetrieb wurde bis zur Stilllegung am 5. Oktober 1975 die Stichstrecke Eibenstock unter Bahnhof – Eibenstock oberer Bahnhof betrieben. Im Februar 1971 hat die 94^{20} schon Reko-Wagen vor sich (RL)

57 3297

Abfahrt in Tangermünde

Dienst auf der Stichbahn Stendal – Tangermünde hat im Sommer 1968 die 57 3297. Der Zugführer ist bereits im Packwagen verschwunden, gleich geht es los (JH)

Die preußische T 18

Ein Zug wie aus einem Guss! Sehr schön fügen sich die Silhouetten der preußischen T 18, des Einheits-Packwagens und der Reichsbahn-Reko-Vierachser zusammen. Das Foto wurde am 30. April 1967 im Bahnhof Belzig aufgenommen (HM)

Nur vier Exemplare

Von den formschönen Lokomotiven der Baureihe 24 waren lediglich vier Stück bei der Reichsbahn in der DDR verblieben. Die 24 009 hielt am längsten durch. Hier steht sie im September 1968 mit einem wunderbaren GmP in Wusterwitz (JH)

ELNA-Lokomotiven

Im Bw Stendal ist die 91 6482 zum Ende der 1960er Jahre beheimatet und befährt von der Einsatzstelle Osterburg aus die Nebenstrecken der Altmark (HM)

Osterburg

Im Lokbahnhof des Altmarkstädtchens wird im Jahre 1968 die 1927 von Henschel für die Niederlausitzer Eisenbahn (NLE 151) gelieferte ELNA 5 mit Kohle versorgt. Zwei Jahre später endet ihr Lokomotivdasein (HM)

Keine ELNA-Lok

Die 91 6580 war bei der Reichsbahn zuletzt im Bw Gotha beheimatet, im dortigen Bahnhof rangiert sie auf dieser Aufnahme aus der Mitte der sechziger Jahre. Sie war keine ELNA-Lokomotive, Henschel hatte sie 1938 an die Süddeutsche Eisenbahngesellschaft geliefert (SEG 400) (HM)

Klein Rossau, 20. April 1968

Was für ein Zug! Gerade hat die 91 6486 in Klein Rossau am P 1191 umgesetzt, denn hier muss Kopf gemacht werden, wenn man zwischen Osterburg und Deutsch Pretzier auf der Strecke der ehemaligen Kleinbahn unterwegs ist (JH)

75 440

Badische VIc

Im Bw Haldensleben und in Löbau waren Lokomotiven der Baureihen $75^{4,10-11}$ heimisch. Die Löbauer 75 440 war im März 1968 noch unter Dampf (HM)

Über Cunewalde

Zwei Strecken gibt es zwischen Bautzen und Löbau, die nördliche Hauptstrecke und die südlich davon gelegene Nebenlinie über Großpostwitz und Cunewalde. Von dort her rollt am 2. März 1968 mit der 94 2048 ein Personenzug in Löbau ein (HM)

Tauwetter

Der Winter 1968 hat in der Umgebung Berlins unerwartet viel Schnee gebracht. Durch einen frei geschaufelten Einschnitt eilt im März – es taut bereits wieder – die 38 2286 mit einem Personenzug von Werneuchen nach Ahrensfelde (KK)

Winter in Görlitz ...

März 1969: Weiß überstäubt sind die Bahnanlagen des Hauptbahnhofes. Die 92 2902 setzt gerade ihren Zug nach Weißenberg in Bewegung. Hinten rollt die mit Giesl-Ejektor ausgerüstete 38 2140 an ihren Zug (JH)

... und in Zwickau

Die 1'C1'h2-Tenderlokomotiven der sächsischen Gattung XIV HT waren die leistungsfähigsten Vertreterinnen dieser Achsfolge. 1969 jedoch war auch ihr Stern am Sinken und die Freude des Fotografen groß, als im Schneetreiben plötzlich eines der letzten Exemplare heranrollt (JH)

genden Siebenjahr-Plan mit der Bundesrepublik gleich zu ziehen). Ein klein wenig Ruhe und Gelassenheit schien einzukehren.

Die Fachleute um Max Baumberg bei der FVA in Halle an der Saale wussten, wo der Hebel im Lokomotivpark anzusetzen war. Sie hatten die Neubaulokomotiven eingehend untersucht und unbestechlich deren Stärken und Schwächen analysiert: Rahmen schwach, Kessel im Prinzip richtig. Was lag also näher, als den vorhandenen Einheitslokomotiven mit ihren soliden Barrenrahmen neue, geschweißte Kessel mit Verbrennungskammer und Mischvorwärmer zu verpassen? Das war teilweise sowieso bitter nötig, weil bei verschiedenen Lieferungen aus den späteren dreißiger Jahren ein nicht alterungsbeständiger Kesselbaustahl verwendet worden war, der klar absehbar nicht mehr lange durchhalten würde.

Das von der Partei- und Staatsführung ab 1956 dringlichst gewünschte Diesellok- und Ellokprogramm würde noch auf sich warten lassen, das war ebenfalls jedem Eingeweihten klar. Man musste den Wunsch, ältere Dampflokbauarten zu modernisieren, nur geschickt begründen, um das vor den Parteioberen vertreten zu können und nicht als Ewiggestriger dazustehen. Richtig war es ja, wie sich später herausstellen sollte.

„Petroleum-P 8“

Die Nebenbahndiesellok der Baureihe V 100 machte so manchem Dampflok-Exoten den Garaus. Letztendlich führte ihr Einsatz – schneller als bei der Bundesbahn – zum Ende der legendären P 8. Auf diesem Foto ist ein Personenzug mit der V 100 075 von Rosslau kommend nur noch 3,8 Kilometer von Wiesenburg entfernt (HM)

Weil die Situation 1956/57 mit dem spröden Kesselstahl St 47 K bei über 300 Lokomotiven der Baureihen 03^{10}, 41 und 50 – alle dringend vom Betriebsdienst benötigt – inzwischen prekär geworden war, wurden in einer ersten Notaktion besonders schlechte Hinterkessel gegen geschweißte ausgetauscht und neue, geschweißte Kessel, jedoch in den alten Grundabmessungen, nachgebaut. Das war natürlich noch nicht die von den Fachleuten angestrebte grundlegende Rekonstruktion.

Doch dann kam die Sache ins Laufen. Aus dem Neubaukessel der 23^{10}/50^{40} wurde ein für die Baureihen 50, 52 und 58^{30} passender abgeleitet. Am 12. November 1957 rollte die 50 380 damit aus dem Raw Stendal, später zur 50 3501 umgezeichnet. Dieser Kessel passte mit geringen Veränderungen auch für die preußische G 12 – am 31. März 1959 stand die 58 3001 zur Verfügung. Und als im April 1958 die 22 001 das Raw Meiningen verließ, war auch die Rekonstruktion der Baureihen 39, 41 und 03^{10} eingeleitet – mit einem Kessel, für alle drei passend. Nun konnten bei der FVA in Halle mit den drei Maschinen Messfahrten abgehalten und nötige Änderungen für die Serienfertigung festgelegt werden. Die Ergebnisse waren hervorragend und bestätigten die Grundidee.

Als in der Nacht vom 30. September auf den 1. Oktober 1958 die 03 1046 in Wünsdorf vor einem D-Zug explodierte – ihr Kessel bestand aus St 47 K – wurde auch von oben Druck gemacht: Zügigst sollten alle 03^{10} und 80 Loks der Baureihe 41 mit den Reko-Kesseln versehen werden. Das Programm lief endlich an.

Im September 1960 stand mit der 52 8001 die erste Reko-52 zur Verfügung. Die Baureihe 03 sollte ursprünglich nicht rekonstruiert werden, kam aber auf Umwegen mit ins Programm, weil ab 1969 beginnend noch 52 Loks gut erhaltene Kessel von ausgemusterten 22ern erhielten.

Die Krönung des Programms aber sollte die Baureihe 01^5 werden. Als hätte

Zuerst die Schmalspur

1954 begann die Lieferung der meterspurigen 1'E1'-Neubau-Lokomotiven für den Harz und die Strecke Eisfeld – Schönbrunn in Thüringen. Im Januar 1968 hat die 99 234 gerade den Bahnhof Wernigerode verlassen, rechts ein ungarischer Ikarus-Bus (KK)

man sich das Beste bis zum Schluss aufgehoben, begann 1959 in Halle die Konstruktionsarbeit am Reko-Kessel für die neue, alte 01. Dieser musste größer und leistungsfähiger sein als die 39 E-Kessel. Begründet wurde die Reko-01 mit der Notsituation, bis zum Erscheinen leistungsfähiger Dielselloks im 2000-PS-Bereich und darüber Abhilfe für den schweren Reisezugdienst schaffen zu müssen.

In Halle wollte man natürlich zeigen, was man zu leisten im Stande war. Die Lokomotive sollte auch äußerlich „etwas her machen", alle Diesels übertreffen und nicht ganz nebenbei den Fachleuten bei der Bundesbahn zeigen, dass man konnte, wenn man nur durfte. 1961 lagen erste Formentwürfe vor, die begeisterten. In Halberstadt baute man schon am ersten Kessel. Als der im Raw Meiningen anlangte, begann damit der Aufbau der Unfalllok 01 174. Im April 1962 fuhr die fertige 01 501 nach Halle.

Doch es gab Probleme zu hauf! Die Boxpok-Räder liefen nicht rund, die Loks ruckten und zuckten – nur der Kessel war erstklassig und machte höllisch Dampf. Es dauerte einige Jahre, ehe man alles im Griff hatte. Manch Lokführer fuhr trotzdem stets lieber die alte 01.

Die Gesamtübersicht der Neubauten und Modernisierungsmaßnahmen im Dampflokpark der Reichsbahn der DDR liest sich so:

■ Neubauten	359 Stück
■ Staubfeuerung	127 Stück
■ Ölfeuerung	241 Stück
■ Rekonstruktion	747 Stück (außer 99)
■ Giesl-Ejektor	553 Stück.

Wie groß der Aufwand bei der Erhaltung und Modernisierung des kunterbunten Parks an Schmalspurloks war, ist im Kapitel über den Güterzugdienst geschildert worden.

Kaum ein anderes Land hat nach dem Ende des Zweiten Weltkrieges unter vergleichbar schweren Bedingungen derart viel Arbeit in den Neubau, die Erhaltung und Modernisierung vorhandener Dampfloks investieren müssen. Das bleibt eine der herausragenden Leistungen der Reichsbahn zu Ulbrichts Zeiten.

Nu' ma' langsam!

Schmale Spuren im Norden

Mit „dem Norden" wurde in der DDR umgangssprachlich das Gebiet nördlich von Berlin bezeichnet. Was die Schmalspurbahnen betrifft, war eigentlich fast alles außerhalb des sächsischen Netzes „Norden". Selbst die Muskauer Waldbahn lag nördlich davon, obwohl rein geografisch gesehen hier viel eher von Osten die Rede sein müsste. Wirklich im Süden waren bis 1969 die Trusebahn Wernshausen – Trusetal (750 mm), bis 1969 Gera-Pforten – Wuitz-Mumsdorf und bis 1973 die Bahn zwischen Eisfeld und Schönbrunn (beide 1000 mm) in Betrieb. Alles andere war eben Norden.

„Dem Norden" hingen verschiedene Attribute an: Einfachheit, Rückständigkeit. Schlechte Straßen, schlechte Kneipen, Verschlafenheit. Obwohl das generell sicher nicht stimmte,

Molli

Bad Doberan, Goethestraße. Das Bild kennt jeder. Und doch ist es immer wieder schön. Im Sommer 1969 sind die Wagen noch nicht modernisiert (GJG)

werden manche Begebenheiten das General-Urteil genährt haben. Genau so war das auch bei den Schmalspurbahnen. „Molli" zwischen Bad Doberan und Kühlungsborn (900 mm) war eine der schnellsten und bestausgestattetsten Schmalspurbahnen Deutschlands (und ist es heute noch). Die Spreewaldbahn oder die Harzquerbahn vollbrachten auf Meterspur erstklassige Leistungen. Und die Mecklenburg-Pommersche Schmalspurbahn (MPSB, 600 mm) war bis zur Übernahme durch die Deutsche Reichsbahn 1949 eines der bestgeführten privaten Eisenbahnunternehmen.

Das ist aber auch schon das einzige einende Merkmal dieser Bahnen im Norden: Sie wurden 1949 von der Deutschen Reichsbahn übernommen und ihre Fahrzeuge eingenummert (bis auf „Molli" und im Süden Eisfeld – Schönbrunn, die schon seit 1920 zur Reichsbahn gehörten). Ansonsten waren alle diese Bahnen ein Kapitel für sich. Und natürlich gab es nicht nur solch erstklassig geführten Unternehmen wie die MPSB.

Die gewaltige Arbeit, die nun über Nacht in den Reichsbahn-Ausbesserungswerken mit dem Sammelsurium an Loks und Wagen entstand, kann man sich heute kaum noch vorstellen. Sachsen half, überzählige Lokomotiven und Wagen wurden in den Norden versetzt (Wagen zur Not auch von 750 mm auf andere Spurweiten umgebaut, z.B. 1000 mm für den Harz, Spreewald, Barth), um halbwegs einen einsatzfähigen Fahrzeugpark zur Verfügung zu haben. Die sächsische IV K wurde so auch zu einer norddeutschen Lokomotive.

Doch nicht nur der Fahrzeugpark machte Probleme: Jede Bahn war nach anderen Normen erbaut worden, hatte ihre speziell auf sie zugeschnittenen Betriebsvorschriften. Das Anschrauben der neuen DR-Nummer an der Lokomotive war das kleinste Problem. Die Baureihe war klar: 99. An Ordnungsnummern waren vorgesehen:

- ■ 3000 – 3999 für 600 mm
- ■ 4000 – 4999 für 750 mm
- ■ 5000 – 6199 für 1000 mm.

600 mm und Kopfstein-Pflaster

Wäre der Bahnübergang nicht, man würde die Gleise gar nicht bemerken. Auf dem Weg von Friedland nach Wegezin-Dennin ist die 99 3462 im Jahre 1966 unterwegs (HvE)

Die zweite Ziffer gab die durchschnittliche Achslast an. Tenderloks sollten Endnummern von 01 – 50 erhalten, Schlepptenderlokomotiven von 51 – 99. Das ging im Großen und Ganzen auf, im Einzelfall auch mal schief, wie stets bei dem Versuch, Vielfalt in Normen zu pressen. So hatten manche Maschinen Hilfstender. Wo die nun einnummern? Es gab Wichtigeres …

Der Versuch, eine Diesellok für die 750-mm-Spur zu entwickeln, schlug fehl. Die ab 1956 projektierte Baureihe V 36K, in zwei Exemplaren 1960 und 1961 geliefert, bewährte sich nicht. Man musste wohl oder übel Dampfloks modernisieren. Von 1962 bis 1967 wurden im Raw Schlauroth 56 Lokomotiven der 750-mm-Spur rekonstruiert und dabei teilweise völlig neu aufgebaut. Die Mehrheit von ihnen war natürlich für das sächsische Netz gedacht, aber diverse IV K und die Baureihen 99^{45-47} waren echte „Nordlichter".

Zeitgleich dazu liefen verschiedene Untersuchungen über die Wirtschaftlichkeit von 31 Schmalspurbahnen in der DDR. Der Grundtenor ihrer Ergebnisse war, dass der Kraftverkehr in der Regel eindeutig überlegen war (für 29 Schmalspurbahnen und ihren Einzugsbereich nachgewiesen). Der Kostendeckungsgrad lag im Schnitt bei 17,9 Prozent (Bahn) gegenüber 113,9 (Straße) – so die Zahlen des Jahres 1966 vom Institut für Verkehrsforschung Berlin.

Stück um Stück legte die Reichsbahn nun Teile ihres Schmalspurnetzes still. Das Tempo richtete sich nach den zur Verfügung stehenden Kapazitäten an neuen Bussen, Lastkraftwagen und für den Straßenausbau. In dieser Beziehung war der Westen durch seine größere Wirtschaftspotenz einfach viel schneller und konsequenter.

Bw Barth 1966

Die 99 5621 und 5622 sind B'Bn4v-Mallet-Maschinen, 1902 und 1910 an die Franzburger Kreisbahn geliefert. Wie die 99 5911 (Cn2t von 1903) gehören sie zum Bw Barth (KK)

In den genannten rein wirtschaftlichen Untersuchungen spielten Gedanken an Tourismus oder gar Denkmalpflege keine Rolle. Die Reichsbahn war keinesfalls „besser" als die Bundesbahn, wie manch einer ihr im Nachhinein andichtet, weil sie diese „romantischen" Strecken so lange in Betrieb hielt. Sie hätte liebend gern auch den Schmalspurverkehr im Harz, in Oberwiesenthal oder auf Rügen komplett eingestellt, wenn sie nur gekonnt hätte. Dass eine Schmalspurbahn eine Gegend auch bereichern, ja für sie zum unverwechselbaren Markenzeichen werden kann, merkte man erst langsam. Erkenntnisse, die z.B. für die Spreewaldbahn zu spät kamen. Sie wäre heute eine Attraktion und ein Wirtschaftsfaktor für die weithin bekannte und einmalige Landschaft, obwohl sie allein sicher nach wie vor keinen Gewinn abwerfen würde. Was blieb war eine kleine Schau im Lübbenauer Museum. Erst in den 1990er Jahren richtete ein Privatmann wieder einen schönen Eisenbahn-Gasthof im ehemaligen Empfangsgebäude von Burg im Spreewald ein.

So kam das Ende für viele heute völlig in Vergessenheit geratene Bahnen, denn wer kennt noch Verbindungen wie Nauen – Senzke – Kriele, Dahme (Mark) – Hohenseefeld / Jüterbog / Luckenwalde oder Stralsund – Barth? Eingeweihte wussten um den mitunter pittoresken Reiz dieser Strecken. Gab der Norden zwar keine fulminanten Steigungen und damit Viadukte, Brücken oder Tunnels her, glänzte er dafür mit Ortsdurchfahrten auf öffentlichen Straßen, Hafenanschlüssen, Kreuzungen mit Regelspurstrecken, Dreischienengleisen, Fährverbindungen oder mindestens urgemütlicher, familiärer Betriebsführung. Bei der ehemals Mecklenburg-Pommerschen Schmalspurbahn liefen zweiklassige, vierachsige Reisezugwagen (gebaut in Wismar 1913), die anderswo ihresgleichen suchten und auf einer 600-mm-Bahn auf dem platten Land einmalig gewesen sein dürften. Die Lok 99 3461 in Friedland besaß eine Schiffssirene! Das alles ging Stück um Stück verloren beim Übergang auf die „Gummikonkurrenz".

Von 1958 bis 1970 wurde das Schmalspurnetz der Deutschen Reichsbahn um 794,9 Kilometer reduziert. Vorhanden waren zu diesem Zeitpunkt noch 539,5 Kilometer, der Mammutanteil davon in Sachsen.

Das Jahr 1970 setzte – anders als in der übrigen DDR – damit für den Norden einen markanten Schlusspunkt in der Entwicklung. Mit der Einstellung des Gesamtverkehrs zwischen Bergen und Wittower Fähre auf der Insel Rügen blieben an der Ostseeküste lediglich zwei Bahnen übrig:

- Putbus – Göhren 24,1 km
- Bad Doberan – Kühlungsborn West 15,4 km.

Das sind exakt die beiden Strecken, die bis in unsere Gegenwart überlebt haben. Der Raum südlich davon bis zum Harz wies bereits keine Schmalspurbahnen mehr auf. Im Norden war man – in dieser Hinsicht – der Zeit vorausgeeilt.

Wittower Fähre

Geteilt war die Nord-Strecke der Rügenschen Kleinbahnen Bergen – Altenkirchen durch das Wasser des Boddens. Ein Fähre vermittelte die Verbindung. Im südlichen Fähranlegerbahnhof qualmt am 7. August 1969 die sächsische VI K 99 587 vor sich hin (GJG)

Seebad Heiligendamm

Heiligendamm – das war das erste deutsche Seebad! 1783 hatte es der mecklenburgische Herzog Friedrich Franz I. dazu ernannt. Deshalb wurde auch 1886 die Bäderbahn dort hin erbaut, später nach Kühlungsborn verlängert. Im April 1968 ist jedoch kein Badewetter. Trotzdem herrscht einiger Betrieb (JH)

Pfeifen und bimmeln

Auch in Kühlungsborn Mitte geht es auf der Straße entlang. Um 1966 wurde dort dieses Bild mit der 99 322 und dem einsamen EMW aufgenommen (HvE)

Die Schnellsten

Orenstein & Koppel lieferte 1932 drei dieser 1'D1'h2t-Lokomotiven für die bei „Molli" verwendete 900-mm-Spur. Mit ihrer Höchstgeschwindigkeit von 50 km/h waren die Maschinen die flottesten Schmalspurloks der Reichsbahn (JH)

Traum oder Wirklichkeit?

Man meint, in eine perfekt gedrehte, anspruchsvolle Literaturverfilmung mit einem 35-Millionen-Etat geraten zu sein, und doch ist alles einfach nur DDR der 1960er Jahre: Wegezin-Dennin, der Personenzug nach Friedland und viel, viel Zeit … (HM)

Rasender Roland

Binz Ost im Juni 1972: Der Fotograf erwischt von der ersten Plattform des einfahrenden Zuges die 99 4631, die mit ihrer Garnitur gleich nach Putbus weiter fahren wird (JV)

Auch eine „Kriegslok"

Von der Wittower Fähre in Richtung Bergen ist dieser Gmp im September 1965 unterwegs, geführt von der 99 4653, einer Heeresfeldbahnlok aus dem Zweiten Weltkrieg (Jung 10123/1944) (HM)

Wegezin - Dennin
P
P
99 3361

Bei „Pollo"

„Pollo" war das ortsübliche Kürzel für die Ost- und Westprignitzer Kreisbahnen. Perleberg war der westliche Endpunkt des Netzes. Dort entstand im April 1968 dieses Foto mit der 99 576, Dauerleihgabe aus Sachsen, und dem aufgebockten Wismarer Schienenbus (KK)

Ursprünglich Regelspur

1947 wurde die Reichsbahnstrecke von Glöwen nach Havelberg demontiert. Offensichtlich brauchte Havelberg jedoch unbedingt einen Bahnanschluss, und so wurde die Strecke wieder aufgebaut: In 750 mm Spurweite! In den letzten Jahren bis zur Betriebseinstellung 1971 war hauptsächlich die 99 4701, hier aufgenommen in Havelberg, im Einsatz (HM)

Viel Platz für eine kleine Lok

Durch die für die Regelspur ausgelegten Betriebsanlagen wirkt die 99 4701 etwas verloren im Bekohlungsgleis. Den Kohlekran hatte man wohl 1947 auch gleich mitgenommen, nur der Betonsockel blieb stehen. Bekohlt wurde nun mit der Hand (September 1970) (HM)

99 576

Alles wird anders

Das Computerzeitalter

Neue Nummer

Aus der 01 505 wurde die 01 0505-6. Mit den alten Nummernschildern machte manch einer ein nettes Geschäft. Heute sind auch „die Neuen" begehrt (AP)

Ende der sechziger Jahre war die elektronische Datenverarbeitung auch in der DDR unaufhaltsam auf dem Vormarsch. Mit ihrer Einführung bei der Leistungserfassung der Deutschen Reichsbahn entstand die Notwendigkeit, Fahrzeugnummern einzuführen, die nur noch aus Ziffern bestanden.

Schlugen UIC und OSShD zwölfstellige Ziffernfolgen vor (für den grenzüberschreitenden Verkehr), genügte für nationale Belange eine „abgespeckte" Variante mit sieben Ziffern (inklusive Kontrollziffer). Am 1. Juni 1970 trat die neue Kennzeichnung der Dampflokomotiven als ein Teil der umfassenden neuen Triebfahrzeugkennzeichnung in Kraft.

Die Buchstaben – wie bei Diesel- und elektrischen Fahrzeugen – waren bei der Dampflok nicht das Problem; es hatte auch vordem keine in Dampflokbetriebsnummern gegeben. Dafür gab es andere Schwierigkeiten:

- drei- und vierstellige Ordnungsnummern (01 204, 03 1010),
- zweistellige Baureihenbezeichnungen (z.B. 62), aber bis zu dreistellige Spezifizierungen für Unterbauarten, dazu mit bis dahin hochgestelltem Index (z.B. 75^{5}, 03^{10}, 99^{463}).

Diese Bauartbezeichnung konnte das neue System nicht ohne teilweise einschneidende Änderungen übernehmen. Gleichzeitig galt, diese Änderungen auf ein Mindestmaß zu beschränken, nicht zuletzt aus Kostengründen. Von vornherein war klar und beabsichtigt, dass Lokomotiven, deren weitere Einsatzzeit begrenzt war, lediglich an der Rauchkammer ein neues Schild erhalten sollten, die anderen sollten lediglich mit Farbe aufgemalt bzw. durch die Selbstkontrollziffer (in Farbe) ergänzt werden. Da war es praktisch und billig, wenn sechs Ziffern der alten Nummer einfach übernommen werden konnten. Die Deutsche Bundesbahn ist hier bekanntlich ganz andere Wege gegangen, dort erhielt jede Lok eine völlig neue Nummer wegen der Einführung dreistelliger Baureihenbezeichnungen.

Bei der Deutschen Reichsbahn war das ebenso, nur machte man eben bei den Dampflokomotiven die Ausnahme. Deren neue Loknummer setzte sich nun prinzipiell im Rhythmus 2 + 4 + 1 zusammen (z.B. 41 1119-1). In den Köpfen der Planer war die Dampflok damals schon abgeschrieben. Dass sich diese Ausnahme dann noch bis zur Einführung des gemeinsamen Triebfahrzeug-Kennzeichnungssystems DR/DB per 1. Januar 1992 „durchschleppte", konnte seinerzeit wirklich kein Mensch ahnen …

Die Baureihenbezeichnungen der Dampflokomotiven blieben größtenteils erhalten. Da für Diesel- und Elektrolokomotiven zur Kennzeichnung der Traktionsart an erster Stelle die Ziffern 1 bzw. 2 verwendet wurden, blieben für die Dampflokomotiven an erster Stelle die Ziffern 0 und 3 bis 9 übrig. Demgemäß mussten sechs Baureihen umbenannt werden:

■ 18	in 02
■ 19	in 04
■ 22	in 39
■ 23 alt	in 35.2
■ 23^{10}	in 35.1
■ 24	in 37.

Nach heutigen Mengenbegriffen waren das „peanuts", diese Loks stellten lediglich 5,39 Prozent des Dampflokparkes.

Weitaus signifikantere Auswirkungen hatten da schon die Änderungen, die sich durch Auffüllen auf vierstellige Ordnungsnummern ergaben. Deren Stellen hatten nicht nur Inventarstatus, wie vordem auch wurden mit der ersten, manchmal auch zweiten Ziffer Unterbauarten spezifiziert. Es genügte zwar, Baureihe 62 zu schreiben, aber es musste 03.1 (für die Drillings-Maschinen) und 03.2 (für die Zwillinge) bzw. 50.35 für die rekonstruierten 50er geschrieben werden.

Neu war, dass der Index zur Bauartspezifizierung nicht mehr in Potenzschreibweise erhöht sondern hinter einem Punkt in gleicher Größe an die Baureihennummer anschloss – ein weiteres Zugeständnis an den Computer.

Das Auffüllen der Ordnungsnummer auf vier Stellen barg noch ein weiteres Problem: Die Erkennbarkeit der Herkunft (z.B. Baulose) wurde erschwert, teilweise sogar unmöglich gemacht. Ein Beispiel: Die zur 52 9762-7 umgezeichnete Kohlenstaublok hätte sein können:

■ 52 762	52 4762
52 1762	52 5762
52 2762	52 6772
52 3762	52 7762!

All diese Loks hat es gegeben, tatsächlich steckte die 52 5762 hinter der neuen EDV-Nummer.

Ein anderes Problem war, dass in manchen Fällen die alte Ordnungsnummer auch an zweiter Stelle geändert werden musste, um Dopplungen zu vermeiden. So wurden aus:

■ 52 438	52 1538-9
■ 52 1438	52 1438-2.

Die Änderung von 4 auf 5 an der zweiten Stelle der Ordnungsnummer der 52 1538 vermied eine doppelte 52 1438. Das Problem trat natürlich nur bei Baureihen mit hoher Stückzahl im Tausenderbereich auf, betraf z.B. auch die G 12, obwohl natürlich insgesamt längst nicht mehr 1.000 Maschinen vorhanden waren. So wurden aus:

■ 58 311	58 1111-2
■ 58 1311	58 1311-8.

Die ehemals badische G 12 mit der Nummer 58 311 hätte sonst dieselbe neue Loknummer erhalten wie die ehemals preußische 58 1311.

Neu war die Darstellung der Feuerungsart. Die erste Ziffer der Ordnungsnummer bedeute:

■ 0	Ölfeuerung
■ 1 – 8	Rostfeuerung
■ 9	Kohlenstaubfeuerung

Bei Schmalspurlokomotiven diente diese erste Ziffer der Kennzeichnung der Spurweite:

■ 3	600 mm
■ 1 – 4	750 mm
■ 2	900 mm
■ 5 – 7	1.000 mm.

(1978 teilweise geändert, da der Umbau von Schmalspurloks auf Ölfeuerung anlief.)

Neu war die Selbstkontrollziffer, die genau genommen unbedingt zur Loknummer gehört, jedoch von vielen, die nicht beruflich mit der Bahn zu tun hatten, gern unter den Tisch gekehrt wurde.

Überhaupt schieden sich von nun ab die Geister, vor allem bei den „Fans“. Manch einer ließ die Kamera sinken, wenn eine Lok mit neuer Nummer angedampft kam. Das war nicht mehr die alte Eisenbahn! Dampflok und Computernummer? Um Gottes willen, nein.

Abschließend die komplette Umzeichnungs-Übersicht. Es bedeuten in der Reihenfolge der Spalten von links nach rechts:

- ■1 alte Baureihenbezeichnung
- ■2 neue Baureihenbezeichnung
- ■3 vorhandene Exemplare
- ■4 zur Umzeichnung vorgesehen
- ■5 nicht mehr umgezeichnet.

■Schnellzug-Lokomotiven

01	01.2 ...	26	24	2
01^{5}	01.1 ...	7	7	–
01^{5} Öl	01.0 ...	28	28	–
03^{0-1}	03.2 ...	25	20	5
03^{1-2}	03.2 ...	52	48	4
03^{10}	03.1 ...	3	3	–
03^{10} Öl	03.0 ...	15	15	–
18 201	02 0201	1	1	–
18 314	02 0314	1	1	–
19^{0}	04.0 ...	3	2	1

■Personenzug-Lokomotiven

22	39.1 ...	44	23	21
23^{0}	35.2 ...	1	1	–
23^{10}	35.1 ...	113	113	–
24	37.1 ...	2	1	1
38^{2-3}	38.5 ...	13	4	9
38^{10-40}	38.1 ...-4 ...	176	119	57

■Güterzug-Lokomotiven

41	41.1 ...	106	96	10
42	42.1 ...	2	–	2
43	43.1 ...	–	–	–
44 Rost	44.1 ...-2 ...	135	60	75
44 Öl	44.0 ...	91	91	–
44 Staub	44.9 ...	13	13	–
50^{0-31}	50.1 ...-31 ..	108	103	5
50^{35-37}	50.35 ..-37 ..	162	162	–
50^{40}	50.4 ...	85	85	–
50^{50} Öl	50.0 ...	45	45	–
52	52.1 ...-7 ...	519	507	12
52^{80}	52.8 ...	200	199	1
52 Staub	52.9 ...	25	25	–
55^{16-22}	55.2 ...	1	–	1
$55^{25-56,72}$	55.25 ..-72 ..	54	36	18
56^{2-8}	56.1 ...	3	–	3
56^{20-29}	56.2 ...	7	2	5
57^{10-35}	57.1 ...-3 ...	22	17	5
58^{2-3}	58.1 ...-2 ...	12	8	4
58^{4}	58.1 ...-2 ...	11	6	5
58^{10-21}	58.1 ...-2 ...	147	105	42
58^{30}	58.3 ...	56	56	–

■Personenzug-Tenderlokomotiven

62	62.1 ...	8	1	7
64	64.1 ...	94	85	9
65^{10}	65.1 ...	88	87	1
75^{5}	75.1 ...-6 ...	3	1	2
75^{62}	75.1 ...-6 ...	2	–	2
78^{0-5}	78.1 ...	23	10	13

■Güterzug-Tenderlokomotiven

83^{10}	83.1 ...	27	27	–
86	86.1 ...	159	156	3
89^{0}	89.6 ...	1	–	1
89^{10}	89.6 ...	1	–	1
89^{60}	89.6 ...	1	–	1
89^{64}	89.6 ...	1	–	1
89^{75}	89.6 ...	1	–	1
91^{1}	91.1 ...-6 ...	1	–	1
91^{3-18}	91.1 ...-6 ...	2	–	2
91^{62}	91.1 ...-6 ...	3	2	1
91^{64}	91.1 ...-6 ...	13	5	8
91^{67}	91.1 ...-6 ...	1	1	–
92^{5-10}	92.1 ...-6 ...	2	–	2
92^{29}	92.1 ...-6 ...	3	1	2
92^{63}	92.1 ...-6 ...	1	–	1
92^{64}	92.1 ...-6 ...	2	2	–
93^{0-4}	93.8 ...	16	9	7
93^{5-12}	93.1 ...-6 ...	46	19	27
93^{64}	93.1 ...-6 ...	2	1	1
93^{66}	93.1 ...-6 ...	3	–	3
94^{2-4}	94.1 ...	1	–	1
94^{5-18}	94.1 ...	29	20	9
94^{20-21}	94.2 ...	20	6	14
95^{0} Kohle	95.1 ...	9	5	4
95^{0} Öl	95.0 ...	21	21	–
95^{66}		2	–	2

Abschied ...

Mai 1971: Der Heizer der 64 1212-6 klettert von der Lok, Schluss für heute, Feierabend (RL)

■Schmalspurlokomotiven

99^{331}	99.3 ...	9	9	–
99^{335}	99.3 ...	3	–	3
99^{336}	99.3 ...	1	–	1
99^{346}	99.3 ...	2	–	2
99^{51-60}	99.1 ...-4 ...	35	32	3
99^{64-71}	99.1 ...-4 ...	20	16	4
99^{73-79}	99.1 ...-4 ...	41	41	–
99^{450}	99.1 ...-4 ...	1	–	1
99^{453}	99.1 ...-4 ...	1	1	–
99^{463}	99.1 ...-4 ...	3	3	–
99^{464}	99.1 ...-4 ...	3	3	–
99^{465}	99.1 ...-4 ...	1	–	1
99^{470}	99.1 ...-4 ...	1	1	–
99^{480}	99.1 ...-4 ...	2	2	–
99^{32}	99.3 ...	3	3	–
99^{33}	99.3 ...	2	2	–
99^{16}	99.5 ...-7 ...	1	–	1
99^{19}	99.5 ...-7 ...	1	–	1
99^{22}	99.5 ...-7 ...	1	1	–
99^{23-24}	99.5 ...-7 ...	17	17	–
99^{500}	99.5 ...-7 ...	1	–	1
99^{561}	99.5 ...-7 ...	1	–	1
99^{562}	99.5 ...-7 ...	1	–	1
99^{563}	99.5 ...-7 ...	1	1	–
99^{570}	99.5 ...-7 ...	3	2	1
99^{590}	99.5 ...-7 ...	6	6	–
99^{591}	99.5 ...-7 ...	1	1	–
99^{600}	99.5 ...-7 ...	1	1	–
99^{610}	99.5 ...-7 ...	2	2	–
Summen:		3065	2631	434

Planziel: Schluss mit Dampf bis 1975

Das Gedränge im Bw Görlitz im August 1971 zeigt: Ganz realistisch war es nie, bis 1975 alle Dampflokomotiven abzustellen. Was ist auch ein Plan gegen die Realität? (GJG)

Mittagspause

Das Essen gemeinsam mit der Lokmannschaft im Glaswerk Schönbrunn hat geschmeckt. Nun noch ein kleiner Schwatz im Schatten, dann geht die Fahrt zurück nach Eisfeld – auf dem Sofa im Packwagen des Güterzuges, denn der Personenverkehr ist längst eingestellt (Aufnahme vom 18. Juli 1972) (RH)

D-Zug nach Berlin

Mit der 01 2207 donnert ein D-Zug nach Berlin durch die Stille der Vorstadtstraßen in Dresden-Pieschen. Im Juni 1971 ist das ebenso wenig etwas Besonderes wie die Auswahl an Fahrzeugen des Individualverkehrs (RL)

Adieu 22er!

Zweifacher Abschied in Saalfeld im August 1971: Es gibt keine 22er mehr, die heißen nun 39.1. Nicht mehr lange, denn ihr Ende naht, was der Zustand der 39 1056 leicht erkennen lässt. Noch ein weiteres Jahrzehnt werden dagegen die ölgefeuerten 95er aushalten (AP)

D 207 bei Hönebach

Drei Tage vor Weihnachten 1972 wummert die 01 0523 mit ihrem Schnellzug die Rampe zum Hönebacher Tunnel hinauf. Im darauf folgenden Jahr endet hier der grenzüberschreitende Betrieb mit den mächtigen Maschinen (JG)

Die G 12 im Computer ...

Selbst die alte G 12 kam noch zu neuen Nummern. Aus Sparsamkeit beließ man es jedoch bei einem ordentlichen Schild an der Rauchkammer, an Führerhaus und Tender wurde die Ziffernfolge lediglich aufgemalt. Aufnahme aus Nossen vom 27. August 1971 (GJG)

... und die IV K 99 1590 ebenfalls

Das Leben im Vogtland geht trotzdem erst einmal weiter wie gehabt. In Rothenkirchen regiert 1971 neben der Dampf- nach wie vor die Muskelkraft (GJG)

44er-Umbau I

Das Braunkohlenkombinat Geiseltal erhielt zunächst die 1982 vom Raw Meiningen auf Rostfeuerung rückgebaute 44 851 und setzte sie als Werklok 5 ein. Im Mai 1983 folgte die 44 1278, die direkt von Öl- auf Staubfeuerung umgerüstet worden war, als WL 6. Im Nachhinein wurde auch die WL 5 so umgebaut. Aufnahme der Lok 6 in Braunsdorf vom 17. August 1984 (GvH)

44er-Umbau II

Die vormals Saalfelder Stammlok 44 0196 gehörte zu den ersten auf Rostfeuerung umgebauten Maschinen. Am 30. September 1983 steht sie – nun als 44 2196 – in der Einsatzstelle Göschwitz (GvH)

Schöner Arbeitsplatz

In Kusey wirkt in erster Linie die Jugend – wenn man dem Schild Glauben schenken darf. Jedenfalls hat die junge Frau Gespür für den Garten. Am Nachmittag des 4. September 1981 rollt gerade die 50 3531 mit dem Personenzug 6450 nach Salzwedel vorüber

Reko-52er und „Ferkeltaxe"

Im Bahnhof Altenhain steht am 17. Mai 1987 die Engelsdorfer 52 8041. Sie wird wenige Augenblicke später leer nach Hause zurückfahren, ihre Güterzugleistung fällt an diesem Tag aus. Vorher wird jedoch noch der Personenzug durchgelassen, ein LVT-Gespann mit dem 171 034 an der Spitze (GvH)

Wie aus einem Guss

Die Neubaulok 35 1045 und ihr Zug aus Bghw-Wagen passen recht gut zusammen, über viele Jahre hinweg sahen so die typischen Reichsbahn-Personenzüge aus. Die Aufnahme entstand am 15. Juli 1976 im Bahnhof Mittweida

35 1045-0

Arbeitsteilung

Im Bahnhof St. Egidien zweigt von der elektrifizierten Hauptbahn Glauchau – Karl-Marx-Stadt die eingleisige Nebenbahn nach Oelsnitz und Stollberg ab. Den Nahgüterzug dort hinauf hat am 22. August 1980 die 58 3047 zu bewältigen, während die 110 für die Personenzüge zuständig ist (GvH)

Halt für den Nahgüterzug

Nach Falkenberg (Elster) hat die 52 8041 den N 60 679 zu bringen. Doch noch steht in Herzberg West am 26. Mai 1985 die Ausfahrt nicht und die vier Radfahrerinnen haben freie Bahn (HVS)

Herzberg (Elster)

99 1773-3

Knackig kalt

17 Kilometer bis zum Fuß des Fichtelberges hat die 99 1773 vor sich, als sie am 18. Januar 1987 in Cranzahl ihre Fahrt beginnt (GvH)

Bw Angermünde

Eine Ruhepause im Schuppen ihres Heimat-Bw haben sich am 23. August 1981 die beiden ölgefeuerten 50er 0020 und 0035 verdient. Ihre Hauptaufgabe ist der Transport von schweren Kesselwagenzügen von und nach Schwedt an der Oder (GvH)

Honecker an der Macht

Ulbrichts stiller Abgang

Deutsch-sowjetische Freundschaft

Erich Honecker, der Mann an der Spitze der DDR, aus dem Saarland stammend, mit dem sowjetischen Partei- und Regierungschef Leonid Breschnjew (RH)

Sommer 1973: Die X. Weltfestspiele der Jugend und Studenten mit zehntausenden Gästen aus 140 Ländern finden in Ost-Berlin statt. Ein Hauch von Welt streift die Hauptstadt der DDR, junge Leute aus Afrika, Südamerika, Westeuropa oder Asien singen und tanzen auf den Straßen. Sie sollen sich wohlfühlen. Und sie sollen diese DDR in guter Erinnerung behalten und zu Hause davon berichten.

Nichts darf schief gehen. In München hat ein Jahr zuvor das Attentat auf die israelische Delegation während der Olympischen Spiele alle zutiefst schockiert. Auf keinen Fall soll sich so etwas in Berlin wiederholen. Tausende junger Soldaten sind abkommandiert zur Bewachung von „Objekten", in denen potenziell gefährdete Gäste – vor allem aus dem Nahen Osten – untergebracht sind.

Als Belohnung gibts neue Kragenbinden, ordentliche Verpflegung und saubere Bettwäsche in den Güterwaggons am Rande der Hauptstadt, wo die Truppe schichtweise schläft.

Nichts geschieht, alle atmen auf. Und dann passiert doch etwas: Am 1. August 1973 stirbt der greise Walter Ulbricht, Honeckers Vorgänger, zwei Jahre zuvor von ihm entmachtet. Was nun? Staatstrauer mitten während des grandiosen Festes? Nein, die Party soll weitergehen. Eine Zeitungsnotiz muss genügen, man lässt den toten Walter Ulbricht warten.

Als die Jugend der Welt eine Woche später fort ist, bekommt er sein Staatsbegräbnis. Die Soldaten, die eben noch mitfeiern durften, müssen Überstunden machen. Dieses Mal im Stechschritt die Stalinallee – nun Karl-Marx-Allee – hinunter. „Präsentiert das Gewehr und Augen links!" zur Tribüne mit dem ZK und Honecker, rechts daneben die Lafette mit dem aufgebahrten Ulbricht. Einer von diesen 19-jährigen Wehrpflichtigen bin ich. Ich erweise dem toten Ulbricht

Deutsch-Sowjetische Freundschaft

Am 5. Mai 1985 haben ein paar Dampflokfans die Falkenberger 52 5679 herausgeputzt. Im Bw steht sie nun neben der 131 029 aus „Freundesland" (GvH)

die letzte Ehre. Am Abend gibt's eine halbe Flasche Bier pro Mann als Belohnung und einen Tag Sonderurlaub.

Gut zehn Jahre später, in der Mitte der achtziger Jahre, hatte diese DDR Erich Honeckers eigentlich nur noch drei Dinge: Braunkohle, Kies und Zement. Aus Kies und Zement kann man Beton machen, und so sah das Land dann auch aus: Plattenbauten in rauchgeschwängerter Luft. Das ist sicher sehr verkürzt, aber dieses Bild bleibt fest in der Erinnerung, Details verschwimmen. Von allem, was älter war, bröckelte nicht nur der Putz, der Verfall wurde immer deutlicher sichtbar, ganze Altstadtquartiere fielen in sich zusammen und wurden weggebaggert.

Der Beton in den Köpfen der Führer des Landes war ebenfalls ausgehärtet. Stur standen sie auf den Tribünen, winkten mechanisch und sahen nicht – wollten nicht sehen – dass ihr eigener Untergang vonstatten ging.

Der Mann an der Spitze stammte aus dem Saarland. Seine fisplige, dann wieder mit eigenartig gedehnten Vokalen gebremste Aussprache (deeen Sossialissmuuus iiin seein'm Laaauf halten weeeder Ochs noch EEEsel aaauf!) erheiterte und animierte zu Parodien. Wir im Osten wussten nicht, dass dies der völlig selbstverständliche Dialekt der Saarländer ist. Spätestens der Komiker Gerd Dudenhöffer öffnete uns die Augen: Erich Honecker war genau genommen ein Spross der „Familie Heinz Becker". Honecker, von den Nazis zu acht Jahren Zuchthaus verurteilt, hatte schon 1961 beim Mauerbau sein strategisches Talent und seine Durchsetzungskraft bewiesen. Nach Ulbrichts Sturz 1971 begann er tatendurstig und mit großen Plänen, erreichte kurzfristig auch einen unübersehbaren wirtschaftlichen Aufschwung und endete trotzdem 1989 als hilflos gestikulierendes, nichts mehr verstehendes Männlein mit

Hammer, Zirkel, Ährenkranz
Die 03 2228 vom Bw Oebisfelde durchfährt am 23. Mai 1976 Berlin-Karlshorst mit dem Leer-Wagenpark des E 545

Sommerhütchen. Er machte sich nichts daraus, seine Arbeiterklasse am Freitag nach Feierabend stundenlang auf Bahnhöfen zwischen Berlin, Halle, Erfurt und Arnstadt warten zu lassen, damit er in seinem Regierungssonderzug und der Jagdgesellschaft „grüne Welle" in Richtung Thüringen hatte, um tags darauf dort hunderte von vorher eingefangenen Hasen abzuknallen. Er machte einen vorsichtigen Anfang mit Lockerungen für Kunst und Wissenschaft und warf wenig später doch die Kritiker einfach hinaus, ließ sie gegen Devisen frei oder von seinem Sicherheitsapparat überwachen.

Als sich nach der friedlichen Revolution 1989 der Volkszorn über ihn entlud, tauchte er unter, aber selbst in Moskau wollte man ihn nicht mehr haben. Es bleibt eine der großartigsten Gesten der Kirche, dass ihm ein einfacher Pfarrer Unterschlupf gewährte – ausgerechnet einer von den Leuten, die Honecker mit seinem Apparat am liebsten gedemütigt hatte.

Dann wanderte er mit seiner Frau Margot, die Volksbildungsministerin gewesen war, nach Chile aus.

Es gibt ein treffendes Bonmot aus jenen Tagen, als auf der Straße die Bürger befragt wurden: Soll Erich Honecker von einem deutschen Gericht bestraft werden? Darauf ein Potsdamer Taxifahrer: Erich wird seiner gerechten Strafe nicht entgehen: Margot.

Das Leben kann sehr einfach sein. Daten aus dem Leben des Staatsmannes Erich Honecker:

- 25. August 1912: Erich Honecker wird in Neunkirchen an der Saar als drittes Kind eines Bergmanns geboren.
- 1926: Eintritt in den Kommunistischen Jugendverband Deutschland (KJVD).
- 1928 – 1930: Honecker arbeitet als Dachdeckergehilfe und beginnt schließlich eine Dachdeckerlehre.
- 1930: Eintritt in die KPD. Honecker wird Mitglied des Roten Frontkämpferbundes (RFB), der Roten Hilfe Deutschlands (RH) und später der Revolutionären Gewerkschaftsopposition (RGO).
- 1930/31: Besuch der internationalen Lenin-Schule in Moskau.
- Seit 1931: Politischer Leiter der Bezirksleitung des KJVD im Saargebiet und Agitprop-Leiter.
- Ab 1933: Tätigkeit für den KJVD im Untergrund. Honecker wird Mitglied des Zentralkomitees (ZK) des KJVD.
- 1934: Honecker wird inhaftiert. Nach seiner Entlassung flieht er zunächst nach Holland. Im Herbst kehrt er ins Saarland zurück, um die politische Arbeit wieder aufzunehmen.
- 1935: Honecker flüchtet nach Frankreich. August: Er wird unter einem Decknamen in Berlin tätig. Dezember: Festnahme durch die Geheime Staatspolizei.
- Juni 1937: Honecker wird durch den Volksgerichtshof wegen „Vorbereitung zum Hochverrat" zu zehn Jahren Haft verurteilt und im Gefängnis Brandenburg-Görden inhaftiert.
- 1945: Am 6. März gelingt ihm die Flucht aus einer Baukolonne, er taucht zunächst im zerbombten Berlin unter und kehrt im April zu sei-

nem Arbeitskommando zurück. Mai: Honecker stößt zu der aus der UdSSR zurückgekehrten „Gruppe Ulbricht“. Als Jugendsekretär des Zentralkomitees (ZK) der KPD baut er die antifaschistischen Jugendausschüsse auf, aus denen 1946 die Freie Deutsche Jugend (FDJ) hervorgeht.

- 1946 – 1955: FDJ-Vorsitzender.
- 1946: Auf dem Vereinigungsparteitag von KPD und SPD wird er in den Parteivorstand der SED gewählt.
- 1947 – 1953: Ehe mit Edith Baumann.
- 1948/49: Mitglied des Präsidiums des Deutschen Volksrates.
- 1949: Honecker wird Mitglied des ZK der SED.
- 1949 – 1955: Mitglied des Exekutivkomitees des kommunistisch orientierten Weltbundes der Demokratischen Jugend (WBDJ).
- 1949 – 1989: Abgeordneter zunächst der Provisorischen Volkskammer und schließlich der Volkskammer der DDR.
- 1950 – 1958: Kandidat im Politbüro des ZK der SED.
- 1953: Heirat mit Margot Feist. Aus der Ehe geht eine Tochter hervor.
- 1955/56: Besuch der Parteihochschule des ZK der KPdSU in Moskau.
- ab 1958 : Vollmitglied des Politbüros der SED und Sekretär des ZK, verantwortlich für Sicherheitsfragen, Kaderfragen und Leitende Parteiorganisation. Honecker wird zum wichtigsten Mann hinter Ulbricht.
- 1960 – 1971: Sekretär des Nationalen Verteidigungsrates (NVR).
- 1961: Honecker leitet die Vorbereitungen für den Bau der Mauer am 13. August.
- 1969: Honecker wird erstmals mit dem Karl-Marx-Orden ausgezeichnet. Er erhält die Ehrung 1972, 1977, 1982 und 1987 erneut. 1972, 1982 und 1987 wird ihm außerdem der Lenin-Orden verliehen.
- 3. Mai 1971: Als Nachfolger von Walter Ulbricht zum 1. Sekretär des ZK der SED gewählt. Juni: Ebenfalls in der Nachfolge Ulbrichts Vorsitzender des Nationalen Verteidigungsrates. Honecker begrüßt das Berliner Viermächteabkommen und stimmt nach zähen Verhandlungen dem Transitabkommen vom 17. Dezember zu.
- 1972: Honecker unterzeichnet den Grundlagenvertrag mit der Bundesrepublik Deutschland.
- 1976 – 1989: Honecker ist in Nachfolge von Willi Stoph Staatsratsvorsitzender der DDR. Dadurch wird die Personalunion zwischen Partei- und Staatsspitze wieder hergestellt. Honecker bemüht sich, den Konsumwünschen der Bevölkerung Rechnung zu tragen und sie dadurch mit dem SED-Regime zu versöhnen. Der Zwang, unter dem Eindruck der KSZE-Verhandlungen in Helsinki die Ausreisepraxis für DDR-Bürger großzügiger zu handhaben, und die Entstehung von Bürgerrechtsbewegungen ziehen allerdings immer heftigere Kritik am Regime nach sich.

Auf die Flut von Ausreiseanträgen und die heftige Kritik zahlreicher Intellektueller reagiert die DDR-Führung mit einer Verschärfung des politischen Klimas, die zu einer Welle von Ausweisungen namhafter Schriftsteller und Künstler führt.

Genosse der Transportpolizei

Im Hauptbahnhof Döbeln rangiert am 15. Juli 1976 die 35 1107 vom Bw Nossen und wird dabei von einem recht interessierten Transportpolizisten mit den Blicken verfolgt

■ 1980: Oktober: Die deutsch-deutschen Beziehungen geraten an einen Tiefpunkt, als Honecker in einer Rede in Gera Fortschritte in den innerdeutschen Beziehungen von einer Anerkennung der DDR-Staatsbürgerschaft abhängig macht.

November: Der erste Staatsbesuch Erich Honeckers in einem westlichen Land führt ihn nach Österreich.

■ Dezember 1981: Gipfeltreffen Honeckers mit Bundeskanzler Schmidt am Werbellinsee und in Güstrow.

■ Juli 1983: Besuch des bayerischen Ministerpräsidenten Franz-Josef Strauß, der einen von der Bundesregierung verbürgten Milliardenkredit an die DDR vermittelt.

■ 1984: Das wachsende internationale Gewicht der DDR äußert sich in Besuchen des kanadischen Premierministers Trudeau, des griechischen Premierministers Papandreou, des schwedischen Regierungschefs Palme und des italienischen Ministerpräsidenten Craxi in Ost-Berlin.

■ April 1985: Honecker besucht mit Italien erstmals ein NATO-Land. Er trifft auch mit Papst Johannes Paul II. zusammen.

■ Februar 1987: Nach dem Besuch des sowjetischen Außenministers Eduard A. Schewardnadse in Ost-Berlin distanziert sich Honecker von Michail Gorbatschows Reformkonzepten unter dem Hinweis, dass die ökonomische und soziale Situation in der DDR Reformen nach dem von Gorbatschow vorgeschlagenen Muster nicht erforderlich machten. September: Erster Besuch von Erich Honecker in der Bundesrepublik.

■ Juni 1989: Bei einer Moskaureise verteidigt Honecker die Mauer, die „bei Fortbestehen der Gründe noch 50 oder 100 Jahre bestehen werde".

Nach der blutigen Niederschlagung der Demokratiebewegung in China lässt Honecker seine Glückwünsche übermitteln. Angesichts der politischen Veränderungen in Polen und Ungarn kommt es zum Massenexodus vor allem junger DDR-Bürger über die, trotz Widerspruch seitens der DDR-Regierung, geöffnete ungarische Grenze.

7. Oktober: Ohne echte Beteiligung der Bevölkerung zelebriert die SED den 40. Jahrestag der DDR. Honecker reagiert nicht auf die Reformempfehlungen, die Gorbatschow mit den Worten „Wer zu spät kommt, den bestraft das Leben" kommentiert.

18. Oktober: Honecker wird vom Politbüro zum Rücktritt genötigt, sein Nachfolger wird Egon Krenz.

8. November: Gegen Honecker wird ein Ermittlungsverfahren wegen Amtsmissbrauch und Korruption eingeleitet.

3. Dezember: Honecker wird aus der SED ausgeschlossen. Daraufhin schließt er sich der wiedergegründeten KPD an.

■ 29./30. Januar 1990: Honecker kommt kurzzeitig in Untersuchungshaft, wird aber bald aus gesundheitlichen Gründen wieder freigelassen.

30. November: Haftbefehl gegen Honecker in seiner Eigenschaft als früherer Vorsitzender des Nationalen Verteidigungsrates der DDR wegen des Tatverdachts des gemeinschaftlichen Totschlags.

■ März 1991: Honecker flüchtet vor der deutschen Strafverfolgung nach Moskau. November: Nach dem Ausweisungsbeschluss der russischen Regierung sucht Honecker Asyl in der chilenischen Botschaft.

■ 3. Juni 1992: Es kommt zur Anklage der Berliner Justiz wegen des Verdachts der Anstiftung zum Totschlag in Zusammenhang mit den Todesschüssen an der innerdeutschen Grenze.

29. Juli: Rückkehr nach Berlin, Einweisung des an Leberkrebs erkrankten Honecker ins Haftkrankenhaus Berlin Moabit.

■ Januar 1993: Entlassung aus dem Haftkrankenhaus, nachdem das Berliner Verfassungsgericht feststellt, dass auf Grund von Honeckers gesundheitlichem Zustand „eine Fortsetzung des Verfahrens gegen Honecker ein Verstoß gegen die Menschenwürde sei". Ausreise nach Chile und Einstellung des Verfahrens gegen ihn.

■ 29. Mai 1994: Erich Honecker stirbt in Santiago de Chile.

Berufsverkehr

Feierabend! Die 01 0517 vom Bw Saalfeld hat mit dem P 5033 am 14. April 1981 Rothenstein erreicht, dort etliche Reisende nach Hause entlassen und legt sich nun wieder ins Zeug

Die erste Reko-50er

Ende Februar 1979: Ein mildes Licht umspielt die Heizerseite der 50 3501 vor ihrem P 18 490 in Oschersleben. Lokführer und Heizer schauen nach hinten in Erwartung des Abfahrauftrages

Zwei Neubau-50er

Im Lokbahnhof Wittstock (Dosse) stehen sich am 18. Juli 1979 die beiden Neubaulokomotiven 50 4050 und 50 4088 vom Bw Wittenberge gegenüber

Görlitz Hbf

Große Würde strahlt die in der Görlitzer Bahnhofshalle vor ihrem P 3806 nach Dresden wartende Schnellzuglok 03 2172 aus. Es ist der 6. Juli 1978, an dem dieses Bild aufgenommen wurde

03 2172-9

Dämmerung

Der 5. Dezember 1987 bietet während der Abenddämmerung eine bei den Fotografen so beliebte „blaue Stunde". In Penig entsteht dabei die Aufnahme der 50 3551 (GvH)

Grau in grau

Den Anschluss ins Muldental nach Penig stellt der P 68 662 her, der hier am 19. Mai 1975 in Narsdorf hinter der Glauchauer 86 1737 wartet. Das riesige Empfangsgebäude, Lok und Zug sind in ein einheitliches Grau getaucht

Recht bunt

Mit dem P 3025, der zusätzlich zu den Rekowagen einen Post-, einen Pack- und einen Expressgutwagen mitführt, verlässt die 01 2118 vom Bw Saalfeld am 2. September 1980 Bad Köstritz

Penig
Richtung
Glauchau

Die Ausgangslage 1971

Noch 2.200 Dampfloks

26. Juni 1985

In Crottendorf im Erzgebirge holpert ein Moped der Marke „Schwalbe" über den Bahnübergang am Bahnhof, wo der Personenzug nach Schlettau wartet (DH)

Statistische Angaben können hilfreich sein, weil sie in Zahlen, ganz nüchtern, ein sachliches Bild der Wirklichkeit spiegeln. Eine gewisse Vorsicht ist trotzdem angebracht: Bei den im Anhang aufgelisteten Lokomotiven (Stand 1. Juli 1971) ist zu berücksichtigen, dass speziell bei den Dampfloks ein bestimmter Teil (etwa ein Drittel) nicht im Einsatz ist, weil defekt abgestellt, zur Ausbesserung im Raw, zum Umbau (z. B. steigt die Zahl der ölgefeuerten 50er an, sinkt dafür die der 50.35, Doppelnennungen möglich) oder weil sie gerade in den Plänen nicht benötigt werden (Reserve). Einige Einzelstücke stehen nur noch auf dem Papier, fahren aber längst nicht mehr. Die Baureihe 83.10 z. B. ist noch komplett aufgeführt, doch nur noch ganz wenige davon sind wirklich aktiv.

Trotzdem kann gesagt werden: Es ist das Startkapital Erich Honeckers in Sachen Transportwesen auf der Schiene. 2.200 Dampflokomotiven stehen 2.328 Diesel- und 340 Elloks gegenüber. Das sind in der Summe 4.868 Normalspurlokomotiven. Die prozentuale Verteilung sieht so aus: Diesel 47,8, Dampf 45,2, Ellok 7,0. Das ist das reine Verhältnis der Traktionsarten zueinander und sagt natürlich nichts über deren Anteil an der Personenbeförderung oder am Transportvolumen bei Gütern aus. Natürlich beförderten die wenigen Elloks auch schon 1971 entschieden mehr Güter und Menschen, als es ihrem Stückzahl-Anteil entspricht. Erstens fahren sie entweder auf Hauptstrecken, in Ballungsgebieten oder zumindest auf dicht belegten Strecken, zweitens ist ihre Verfügbarkeit entschieden höher und damit ihre Laufleistung.

Die Verfügbarkeit ist auch bei der Diesellok besser. Allerdings sind deren Einsatzschwerpunkte anders. Natürlich fahren die 118er auf nicht elektrifizierten Hauptstrecken im

Schnell-, Eil- und Personenzugdienst und haben dort dem Dampf schon viele Leistungen abgejagt, ebenso die importierte 120 auf dem Gütersektor. Vor allem aber die überall verbreitete 110 (Spitzname: „Petroleum-P 8") hat im Nebenbahndienst in vielen Regionen die Dampflokomotive bereits völlig verdrängt, das südliche Vogtland beispielsweise ist 1971 längst dampffrei.

Ihr ist es zuzuschreiben, dass auch die Stückzahl der eingesetzten 38er, der legendären P 8, innerhalb eines weiteren Jahres auf Null schrumpfen wird.

Was fällt noch auf? Da ist zum einen der übergroße Anteil an 1'E-Güterzuglokomotiven. 1.363 Exemplare dieser Achsfolge (44 Öl, 44 Kohle, 44 Staub, 50 Öl, 50 alt, 50.35, 50.40, 52 alt, 52.80, 52 Staub, 58.10, 58.30) hat die Deutsche Reichsbahn zur Mitte des Jahres 1971 in ihrem Bestand (62 Prozent aller Dampflokomotiven).

Innerhalb der 1'E-Typen ist wiederum die Baureihe 52 Spitzenreiter. Es gibt sie in ihrer ursprünglichen Bauform, mit kleinen Verbesserungen im Detail, als generalreparierte Lok (neuer Stehkessel, Mischvorwärmer), als Kohlenstaublok und in der rekonstruierten Variante als 52.80. Die Reichsbahn des Jahres 1971 verfügt über insgesamt 698 Stück. Mit anderen Worten: 31,7 Prozent, knapp ein Drittel, der Dampfloks sind 52er! Oder: Ein Vierteljahrhundert nach Ende des Zweiten Weltkrieges ist noch immer jede dritte Dampflok in der sozialistischen DDR eine Kriegslok!

Rechnet man den 1'E-Gattungen noch die ebenfalls weitestgehend oder zumindest oft im Güterzugdienst tätigen Baureihen 41, 86 und 95 hinzu, kommt man auf 1.643 Lokomotiven, deren primäre Aufgabe der Güterverkehr ist. Das sind 74,7 Prozent, also drei Viertel des Dampflokbestandes. Damit ist klar: Die Reichsbahn-Dampflokomotive des Jahres 1971 bewegt in allererster Linie Güter, und das beinahe noch flächendeckend im gesamten Land. In wenigen Gegenden und auf bestimmten Strecken beherrscht sie noch den Gesamtverkehr (Steilstrecken in Thüringen, Eibenstock, Teile der Oberlausitz) und auf bestimmten Routen beherrscht sie den schweren Schnellzugdienst (Berlin – Dresden, Berlin – Stralsund, Erfurt – Bebra, Magdeburg – Wittenberge – Rostock).

Weiter fällt auf, dass der Dampflokpark 1971 schon recht homogen geworden ist. Die Zahl der Baureihen ist im Vergleich zu den Vorjahren arg geschrumpft, einige Einzelstücke haben zwar noch eine EDV-Nummer erhalten, eine Rolle im Einsatzbestand spielen sie jedoch nicht mehr. Ein großer Anteil der Loks ist rekonstruiert, modernisiert bzw. mit Öl- oder Staubfeuerung ausgestattet. Das heißt: Ein großer Teil der Loks ist fit für weitere Erhaltungsabschnitte, obwohl das Jahr 1975 als Abschiedsjahr von der Dampftraktion angepeilt wird.

Wir wissen heute: Das wird verpasst, selbst die Bundesbahn macht erst im Mai 1977 mit dem Dampf Schluss. Was sind auch Pläne! Es wird noch 17 Jahre dauern, ehe am 29. Oktober 1988 die 50 3559 den allerletzten planmäßigen Zug auf Reichsbahn-Normalspurgleisen an den Haken nehmen wird. 17 Jahre Dampf also stehen 1971 noch an, sehr zur Freude der stetig wachsenden Anhängerschar aus Ost und West.

Apropos Ost-West: Bei der Bundesbahn wird 1971 der erstklassige IC-Verkehr im Zweistundentakt zwischen den wichtigsten Städten eingeführt. Eine 52er? Um Himmels Willen, was ist das denn! Die sind längst alle ausgemustert. Gar nicht zu reden etwa von der alten G 12 (Konstruktionsjahr 1917), von der bei der Reichsbahn noch 80 Exemplare in den Büchern geführt werden, zuzüglich 56 ihrer Reko-Variante. Und die haben fast alle stramm zu tun!

Ergo: Erich Honecker und seine Reichsbahn müssen mit alten Preußen, mit Kriegslokomotiven, mit einer stattlichen Zahl von Neubau- und Rekoloks und noch einmal so viel an moderner Traktion das Rennen mit der Deutschen Bundesbahn aufnehmen.

Lokbahnhof Parchim

Zum Bahnbetriebswerk Wittenberge gehört die Einsatzstelle Parchim. Dort sind in den späten siebziger Jahren noch immer einige Neubau-50er aktiv. Am 30. Juni 1978 stand die 50 4050 passgerecht für dieses Foto

Stralsund

Den Tribseer Damm direkt am Bahnhof Stralsund überquert am 1. Juli 1978 die 03 0046 vor dem D 610 nach Rostock

Gut Kirschen essen

In Camburg wartet die 01 2118 im Juni 1981 auf die Übernahme des mit einer Ellok ankommenden P 4009. Heizer und Lokführer haben es sich am Hang unter einem Kirschbaum gemütlich gemacht

1980 in Saalfeld

In Saalfeld geht eine 44er mit Donnergetöse vor einem Güterzug die Steigung nach Unterwellenborn an. Wir befinden uns im 31. Jahr der DDR, im Sozialismus und in sozialer Sicherheit

H

Kreuzung in Crivitz

Am Nachmittag des 13. Juli 1979 rollt der P 15 340 von Parchim nach Schwerin mit der 50 3610 in Crivitz ein. Dort wartet die 50 4077 mit einem Güterzug, bis die Strecke frei ist

Rund um die Uhr

Eisenbahn ist Dienst an 365 Tagen im Jahr für jeweils 24 Stunden, auch in der Einsatzstelle Rochlitz. Dort wartet in der Nacht des 5. Dezember 1987 die 50 3551 vor der Drehscheibe (GvH)

Gemischtwarenladen

Die ölgefeuerte 50er des Bw Pasewalk hat es am 2. Juli 1978 einmal nicht mit einem stilreinen Kesselwagenzug zu tun. Sogar einige russische Militär-Lastkraftwagen vom Typ „Ural" hat man ihr anvertraut. So etwas zu fotografieren, konnte sehr heikel werden

Viadukt Stadtilm

Der P 8039 überquert am 13. Mai 1977 mit der 65 1012 das Tal der Ilm. Einziger Straßenkonkurrent ist ein flott aufgemachter Trabant 601

Sechs Hochburgen

Schnellzüge der Reichsbahn

Es sind in den beginnenden 1970er-Jahren sechs Hochburgen, von denen aus Schnellzugdampflokomotiven einen für sie maßgeschneiderten Dienst verrichten: Stralsund, Berlin Ostbahnhof, Wittenberge, Dresden Altstadt, Leipzig West und Erfurt.

In Erfurt übernehmen die ölgefeuerten 01.05 die mit Elloks ankommenden D-Züge auf der Fahrt bis ins hessische Bebra und retour. Das geht so bis in das Frühjahr 1973, dann treten Diesellokomotiven das Erbe an. Die 01.05 werden nach Wittenberge, Pasewalk und Saalfeld abgegeben.

Das Bw Leipzig West bespannt 1975 mit seinen 03.20 die schweren, aus zwei Doppelstock-Gliederzügen gebildeten D 560/565 nach Berlin und zurück, dazu kommen D-Züge nach Gera und Saalfeld. Vorhanden sind dafür: 03 2058, 2083, 2121, 2155, 2236, 2243, 2254 und 2295. Am 26. November 1977 bezahlt Leipziger Personal den Kesselzerknall der 01 1516 in Bitterfeld mit dem Leben: Auf der Hinfahrt nach Berlin wird die 03 2121 schadhaft (Feuerbüchse ausgeglüht vor dem D 562). Die Rückfahrt vor dem D 567 geht nicht so glimpflich ab, den gleichen Behandlungsfehler quittiert der Kessel der Ersatzlok vom Ostbahnhof mit dem Zerknall bei der Einfahrt in den Bitterfelder Bahnhof.

Den Abschied von der 03.20 feiern die Leipziger standesgemäß mit der Doppelbespannung des D 567 durch 03 2058 und 2254 am 30. September 1978.

Das Bw Dresden Altstadt beheimatet wie das Bw Berlin Ostbahnhof Altbau-01 für den Verkehr zwischen beiden Metropolen. In Berlin sind darüber hinaus noch die sieben rostgefeuerten 01.15 stationiert, die unter anderem auch Leistungen in Richtung Stettin fahren. Weiter hat Berlin noch wenige 03.20, die Leistungen in Richtung Leipzig, Karl-Marx-Stadt und Frankfurt (Oder) erbringen. Zwi-

Jannowitzbrücke

Die 01 0527 vom Bw Wittenberge mit dem D 1332 und ein Zug der S-Bahn liefern sich am 27. August 1976 ein kleines Wettrennen am Bahnhof Jannowitzbrücke

schen Dresden und Berlin endet der dampfgeführte schwere Schnellzugdienst am 28. September 1977.

Das Bahnbetriebswerk Wittenberge hat drei Schwerpunktaufgaben im Schnellzugdienst:

- Züge im Transitverkehr West-Berlin – Hamburg
- die Relation Schwerin – Berlin
- die Verbindung Magdeburg – Rostock.

Wie in Erfurt verdrängen die aus der Sowjetunion importierten Großdieselloks der Reihe 132 in der Mitte der 1970er-Jahre sukzessive die ölgefeuerten Dampfloks. Im Herbst 1976 verlieren die 01.05 ihre letzten Leistungen und werden nach Saalfeld bzw. Pasewalk versetzt.

Stralsund ist die Hochburg der ölgefeuerten Baureihe 03.00. 1974 kommt aus Halle noch die 03 0010 von der VES-M hinzu und man verfügt nun an der Ostsee über den Gesamtbestand – 16 Exemplare. Die Maschinen fahren in der Hauptsache Schnellzüge nach Berlin, sowohl über Pasewalk als auch über Neubrandenburg, aber auch Bäderzüge zur Insel Rügen oder nach Barth und von und nach Frankfurt (Oder). Der letzte Umlauf nach Berlin existiert im Winter 1979/80 mit dem Schnellzugpaar D 813/D 914 nach Berlin und zurück.

Nicht ganz so spektakuläre Einsätze erbringen die Schnellzuglokomotiven der Bahnbetriebswerke Görlitz, Lutherstadt Wittenberg, Pasewalk, Halberstadt, Oebisfelde, Güsten, Saalfeld und Frankfurt (Oder) in den 1970er-Jahren.

Das Bw Saalfeld erhält seine ersten 01.05 mit der Auflösung des Erfurter Bestandes im Frühjahr 1973. Die Loks übernehmen nun Leistungen im Saaletal (D 504 nach Halle) und über Gera nach Leipzig (diverse Eilzüge). Dazu kommt der Langlauf Probstzella – West-Berlin vor einem Autoreisezug, 338 Kilometer. Längst müssen aber die 01.05 auch vor Personenzügen ran. Die Auswirkungen der Ölknappheit führen dann zum Ende der 1970er-Jahre viele 01.05 aufs Abstellgleis. Kohlegefeuerte 01.15 werden reaktiviert, in Saalfeld kommen Anfang 1980 die Berliner 01 1511, 1512, 1514 und 1518 wieder zum Einsatz, dazu die Altbaumaschinen 01 2114 und 01 2204, etwas später die 01 2118. Doch nach einem Jahr heißt es „Kommando zurück", nun werden „die Öler" wieder reaktiviert – weil es plötzlich an Kohlen fehlt, denn Polen liefert nicht mehr regelmäßig. Am 7. März 1981 fährt die 01 0522 erstmals wieder den D 504 nach Halle (Saale), es ist zu diesem Zeitpunkt die letzte ernst zu nehmende Schnellzugleistung einer deutschen Dampflokomotive. Doch bald ist Schluss, herbeigeholte 41er übernehmen gegen Ende 1981 das Zepter, aber keine hochrangigen Züge mehr.

In Görlitz beginnt ab 1968 die Ablösung der Drillinge der Baureihe 22 (Reko-P 10) durch die Baureihe 03. In der Hauptsache werden Schnell- und Eilzüge nach Dresden bespannt, aber auch Fülleistungen mit Personenzügen, auch in Richtung Cottbus, sind an der Tagesordnung. Zehn Lokomotiven sind 1976 dafür im Bestand, aber schon 1979 sind es nur noch drei: 03 2095, 2096 und 2172 (noch mit Ersatzkessel!). Dieselloks der Baureihe 118 haben die 03.20 verdrängt.

Das Bw Lutherstadt Wittenberg erhält 03.20 im Sommer 1976 als Ersatz für ausgemusterte 35.10er. Sie fahren Personenzüge zwischen Bitterfeld und Berlin. Doch die Leistungen werden noch einmal anspruchsvoller, denn im Sommer 1978 kommt der D 563 Berlin – Leipzig hinzu. Es wird sogar noch besser, denn ein weiterer Schnellzug (D 660 Leipzig – Berlin) und Güterexpresszüge fordern den Lokomotiven alles ab. Im Mai 1979 ist jedoch Schluss, denn der Fahrdraht hat von Bitterfeld aus Jüterbog erreicht.

Halberstadt hat zu Beginn der 1970er Jahre 03.20, die dann von der 35.10 abgelöst werden. Als diese fast komplett bis 1975 ausscheiden, kommt die 03.20 zurück. Nennenswert ist das Eilzugpaar E 550/557 Aschersleben – Berlin, und besonders schöne Leistungen sind jene vor Messesonderzügen nach Leipzig. 1978 scheint Schluss zu sein, doch dann trifft Halberstadt die Auswirkung der Ölkrise: Auf einmal sind die 01 2114 und 2137 da und fahren auch, jedoch lediglich Personenzüge und – wenn an der Tagesordnung – „die Messe".

Oebisfelde hat im Sommer 1975 folgende 03er im Bestand: 2098, 2180, 2205, 2207, 2212, 2228, 2242, 2256 und 2270. Gefahren werden anspruchsvolle D-Zugleistungen in Richtung Magdeburg und Eilzüge in der Relation Berlin – Stendal. Doch schon ein Jahr später erobern auch hier Diesellokomotiven der Reihen 118 und 132 das Terrain. Doch wie in Güsten (und auch anderswo) sind Dampflok-Enthusiasten hinter den Kulissen am Werk: 1980 kommt für drei Monate noch einmal die 03 2117 ins Rennen und fördert so auch den D 447 Köln – Leipzig auf dem Abschnitt Oebisfelde – Magdeburg. Offizielle Begründung: 50 Jahre Baureihe 03 – Traditionspflege! Und selbstverständlich: Diesel sparen.

Frankfurt (Oder) war immer schon eine 03-Domäne. Auf den gut 80 Kilometern bis Berlin versehen sie den Schnellzugdienst. 1976 werden sie fast komplett von den Baureihen 118 und 132 verdrängt, einige wenige Leistungen, auch Eilzüge, zwischen Angermünde und Cottbus bleiben. 1978 ist endgültig Schluss.

Das Bw Pasewalk schließlich erhält ab 1973 in Erfurt und in Wittenberge frei gewordene 01.05. Sie bespannen zwischen Stralsund und Berlin die D-Züge 717 und 718 und zwei Gepäck-Expresszüge. Dazu kommen Füllleistungen vor Personenzügen nach Neubrandenburg. Eingesetzt werden die 01 0503, 0504, 0526, 0530 und 0535. 1980 sind auch ihre Tage gezählt.

Die 01 2204 wird nach dem Ende des Berlin-Plandienstes im September 1977 in Dresden liebevoll betreut und gepflegt. Die Männer dort sehen es nicht gern, dass die Lok wegen der Ölkrise auf einmal ins Saaletal muss und dort sogar vor Güterzüge gespannt wird. Zum Glück ist sie nach einem Jahr wieder zu Hause. Doch die Freude der Dresdener währt nicht lange: Im Oktober 1981 holt man ihre 01 2204 wieder weg. Hinter vorgehaltener Hand heißt es, sie soll zu Devisen gemacht, sprich nach Schweden verkauft werden. Irgendwie geraten die Verhandlungen ins Stocken, und auf einmal steht die schöne Schnellzuglok als Heizlok in Wismar. Doch auch da sind Enthusiasten, die meinen, solch eine Lok muss einfach rollen! Kurzerhand basteln sie einen

Dresden Hbf

Die ersten Meter des D 1076 nach Berlin mit der 01 2137 am 1. Mai 1977 sind auf diesem Bild für immer festgehalten. Rechts zwei Vertreter weiterer beliebter und weit verbreiteter Triebfahrzeuge der Reichsbahn

Arbeitsplatzwechsel

Zwei Jahre nach dem Termin der Aufnahme links gegenüber gehört besagte 01 2137 zum Bw Halberstadt. Am 28. Februar 1979 fährt sie in Oschersleben mit dem P 8436 los

Umlauf zusammen und fahren mit der letzten Altbau-01 bis zum 15. April 1982 Eil- und Personenzüge nach Rostock. Die Abschiedsfahrt mit dem D 530 nach Berlin folgt am 23. April 1982.

Güsten ist an sich ein Provinzstädtchen, aber als Eisenbahnknoten erste Wahl. Hier will man unbedingt noch einmal Schnellzuglok-Herrlichkeit genießen und nutzt die Wirren der Zeit, um sich im November 1976 aus Halberstadt die 03 2105 – offiziell als Hilfszuglok – herbei zu holen. Als man dann noch die 03 2143 und 03 2098 heran organisiert hat, kann ein Dampfplan aufgemacht werden: Mit Personenzügen nach Sangerhausen, Halberstadt und Lutherstadt Wittenberg. Weitere 03er stoßen hinzu, müssen aber sukzessive wegen Fristablaufs wieder abgestellt werden. 1980 ist dieses letzte Aufflackern vorbei.

Oder etwa nicht? Die in Saalfeld ab Dezember 1981 überflüssigen Altbau-01.20 und Reko-01.15 sind ja noch zu gebrauchen, wenigstens als Heizloks. Die 01 1511 und 1512 kommen in die Rbd Magdeburg. Und wieder basteln sie in Güsten an einem Personenzugplan, dieses Mal für 41er der Einsatzstelle Staßfurt. Und auf einmal ist die 01 1512 im Bw. Und: Ab 23. Mai 1982 fährt sie wieder! Zwar nur Personenzüge, aber im Herbst darauf sollen es Schnellzüge werden: Ab September 1982 zum Bw Magdeburg gehörend wird sie D-Züge zwischen Magdeburg und Berlin (D 641/D 1994) bespannen. Doch das geht nur einige Tage gut, dann sorgt ein „Abspanner“ (Pumpenschaden, Ersatzlokgestellung) für das „Aus von oben“: Die Hauptverwaltung Maschinenwirtschaft befiehlt: Schluss mit dem Unfug, mit Heizloks D-Züge zu fahren! Es sollten die letzten Plan-Einsätze einer deutschen Dampf-Schnellzuglok sein.

Gepäck-Expresszug

Am Abend des 17. Mai 1977 steht der Gex nach Berlin zur Abfahrt bereit in der Halle des Dresdener Hauptbahnhofes

Zettelkram

Rostock Hauptbahnhof am 25. März 1982, Bremszettelübergabe an der Zuglok 01 2204 vor dem Eilzug 413 nach Wismar

Doberlug-Kirchhain am 18. September 1977

Etwa auf halber Strecke zwischen Berlin und Dresden liegt Doberlug-Kirchhain,

Ruhe vor dem Sturm

Am 15. Juli 1976 steht die 01 2066 (Bw Dresden Altstadt) vor dem D 1076 nach Berlin im Hauptbahnhof von Dresden

D 814 nach Stralsund

Die Stralsunder 03 0010 beim Zwischenhalt in Fürstenberg an der Havel am 1. Mai 1978

Wintermorgen

Die 01 2137 vom Bahnbetriebswerk Halberstadt am Morgen des 1. März 1979 vor dem P 8433 nach Magdeburg

Was für ein Betrieb!

Am 23. März 1978 hat die Leipziger 03 2254 den D 505 nach Saalfeld gebracht. Rechts machen sich eine 44er und die 95 0027 Lz auf den Weg

01 2066-7

03 2058-0

Städteschnellverkehr mit Dampf

Am Morgen des 16. September 1977 hat die 03 2058 den D 1000 aus Gera nach Leipzig gebracht und setzt nun zurück ins Bw West

Halbzeit: Wasser ergänzen

Auf der Fahrt von Berlin nach Stralsund ist am 3. Mai 1978 der D 715 mit der 03 0019. In Pasewalk wird dabei stets Wasser genommen. Das versandete Gleis an dieser Stelle zeugt von den schwierigen Anfahrten mit den schweren Schnellzügen

Der erste Auspuffschlag

Los geht es für die 01 1511 am 7. Juli 1982 mit dem Personenzug 8435 nach Magdeburg im Halberstädter Hauptbahnhof. Mit ihrem ersten Auspuffschlag lenkt sie sofort die Aufmerksamkeit der am Hausbahnsteig Wartenden auf sich

Im Norden

In Kröpelin beschleunigt die 01 2204 den P 15 126 nach Rostock und überquert dabei eine alte Pflasterstraße im Ort. Rechts ein „Wolga" als Taxi

Zwischenhalt in Greifswald

Vor dem D 514 nach Stralsund ist am 1. Juli 1978 die 03 0059 im Einsatz. Greifswald ist der Halt vor der letzten, 31,2 Kilometer langen Etappe

Die reaktivierte Heizlok

Sehr ungern gab man im Bw Dresden Altstadt die erstklassig gepflegte 01 2204 aus der Hand, zuerst nach Saalfeld, später dann – offiziell als Heizlok – nach Wismar. Längst beschlossen war, die Lok in dringend benötigte Devisen zu verwandeln. Doch am 23. Februar 1982 ist sie noch aktiv: vor dem E 413 bei Sandhagen

Sechs vor Neun

Leipzig Hbf, 4. Juli 1978: Der E 800 aus Saalfeld ist eingetroffen. Gebracht hat ihn die 01 0529

01 0529-6

Industriestadt Eberswalde

Die Wiege der preußischen Eisenindustrie stand in Eberswalde am Finowkanal. Am 2. Juli 1978 ist es die Berliner 01 1506 mit dem D-Zug nach Stettin, die bei ihrer Anfahrt unter der Stahlgitterbrücke am Bahnhof an die große Tradition erinnert

Nach Magdeburg

Die 01 1511 ist eingeteilt für den P 8433 am 28. April 1982. In Halberstadt weist ein schöner Zugzielanzeiger der Marke Eigenbau den Reisenden ihren Weg

Haltepunkt Klebitz

Der P 3514 von Halle (Saale) nach Berlin-Schöneweide wird im Mai 1977 zwischen Lutherstadt Wittenberg und der Hauptstadt noch mit 03 gefahren. Am unbesetzten Haltepunkt Klebitz wartet eine Reisende und möchte mit bis Jüterbog

01 1506-3

Fahnenschmuck

Am 2. Mai 1978 rollt die 03 0010 mit dem D 814 an den Bahnsteig in Neubrandenburg. Noch wehen DDR-Fahnen vom Vortag her, dem „Internationalen Kampf- und Feiertag der Werktätigen". Im Bw links hinten sind einige, allerdings kalte, 50er abgestellt

Über Nacht im Liegewagen nach Hause

Von der Insel Rügen ist am 1. Juli 1978 der D 711 in Stralsund angekommen. Dort wird Kopf gemacht und die 03 0085 übernimmt bis Berlin. Mit Diesel geht es dann weiter bis Leipzig, das am Morgen erreicht wird – genug Zeit zum Schlafen

03 0085-5

Im Herzen grün

Dampfloks in Thüringen

Anlauf für 66 Promille

Ein Pfiff von der 94 1292 in Suhl-Neundorf am 22. September 1974: Gleich geht es in die Friedbergsteigung. Eine Woche später wird Schluss sein mit dem Dampf …

Das „grüne Herz Deutschlands" – der Thüringer Wald – bot prachtvolle Strecken. Besondere Anziehungspunkte waren die Steilstrecken mit Neigungen über 60 Promille (ehemals gemischter Zahnrad- und Reibungsbetrieb) zwischen Schleusingen und Ilmenau bzw. Suhl. Dort liefen zu Beginn der 1970er-Jahre noch preußische T 16.1.

Die T 20 beherrschte zur gleichen Zeit den Gesamtverkehr zwischen Saalfeld und Sonneberg bzw. Eisfeld und Sonneberg. Diese beiden Baureihen allein zogen Scharen von Dampflok-Enthusiasten an.

Schon 1971 endeten jedoch die durchgehenden Dampfeinsätze zwischen Ilmenau und Schleusingen, nun regierte die sechsachsige 118. Nur kurzfristig fuhren 94er bei Bauarbeiten zur Oberbausanierung 1972 wieder, und Arnstädter 65er kamen mit Übergabezügen noch dann und wann bis Stützerbach. Auch auf der Südseite gab es noch nach 1971 planmäßige Dampfleistungen, z. B. einen abendlichen Zweiwagenzug von Schleusingen bis Schmiedefeld, den eine Suhler 94er fuhr, die extra dafür gedreht werden musste, um mit dem Kessel voran gegen die 60-Promille-Steigungen zu stehen.

Den letzten Plan-Dampfzug von Suhl nach Schleusingen zog am 28. September 1974 die 94 1292 – heute noch immer aktiv und in Ilmenau gehegt und gepflegt. Die zuletzt eingesetzten Lokomotiven, u. a. auch 94 1175, 1221, 1541, 1670, 1883, waren in Meiningen beheimatet, sahen dieses Bw aber nur bei eventuell nötigen Reparaturen, die in der Einsatzstelle Suhl nicht erledigt werden konnten.

Auf der schönen Strecke von Rottenbach hinein ins Schwarzatal nach Katzhütte war 1971 nur noch sporadisch vor Güterzügen Dampf zu erleben. Die allerletzten Saalfelder 83.10 und die kurz vor ihrer z-Stellung ste-

Ernstthal am Rennsteig

20 Minuten nach Zehn, der Nahgüterzug 64 442 liegt gut in der Zeit. Am 26. September 1980 ist die 95 0020 mit ihm beschäftigt. Wagen müssen noch nach Neuhaus am Rennweg, dann geht es gemütlich zurück nach Probstzella

henden 93 1036 und 86 1205 teilten sich diese Dienste, dann wurden sie von 110ern und 118ern verdrängt.

Auf der Meterspurstrecke von Eisfeld nach Schönbrunn gab es schon seit 1967 keinen Personenverkehr mehr. Darüber hinaus stand vor der Ortschaft Brünn der Schlagbaum des Grenz-Sperrgebietes. Fotos der wenigen Güterzüge waren also nur auf dem Abschnitt von Brattendorf bis Schönbrunn möglich. Dafür war dieser besonders malerisch, und der Höhepunkt war die Ortsdurchfahrt in Biberau. Doch im Februar 1973 wurde der Restverkehr eingestellt.

Auf der Werrabahn Eisenach – Meiningen – Eisfeld dominierte die Baureihe 41 im Personenverkehr. Ölgefeuerte 44er schleppten Güterzüge, wurden aber Stück um Stück durch die 120 verdrängt. Das Bw Meiningen beheimatete aber auch einige 86er, die hier ab 1970 die alten 93er verdrängen. Diese liefen auf den ebenfalls landschaftlich sehr schönen Strecken nach Rentwertshausen, Themar – Schleusingen und Wernshausen – Schmalkalden – Zella-Mehlis/Pappenheim. Doch auch hier kam bis 1972 das Ende. Diesellokomotiven der Baureihen 110 und 118 übernahmen den Verkehr.

Offiziell endete der Dampflokeinsatz in Meiningen 1975, trotzdem kamen sporadisch immer wieder Reserveloks zum Einsatz. Dass es in Meiningen noch viele Jahre weiter gewaltig dampfte, lag am Reichsbahnausbesserungswerk: Mitunter zwei, drei Lokomotiven gingen werktags auf Probefahrt oder wurden frisch lackiert in ihre Heimat-Betriebswerke verabschiedet. War die Baureihenvielfalt in der Mitte der 1970er-Jahre noch groß – Meiningen hatte noch alle Schnellzuglokomotiven, alle mehrzylindrigen Baureihen, dazu die 41er, die 65er, 95er und die Außenseiter der Versuchsanstalt aus Halle in Arbeit – wurde die Geschichte ab 1980 etwas eintöniger. Man übernahm vom Raw Stendal die 50er und 52er, und es blieben die 41er und wenigen Museums- und Heizlokomotiven. Trotzdem blieb ein Rauchpilz über Meiningen etwas Alltägliches.

Das Bw Arnstadt hatte bis in den September 1974 Kohlenstaub-44er im

Bahnhof Zella-Mehlis

Für wenige Jahre haben 86er die vorher eingesetzten 93^5 auf den Strecken um Schmalkalden abgelöst. 1972 geht auch deren Zeit zu Ende. Im September 1972 lädt die 86 1389 zur Abschiedsfahrt (RH)

Einsatz. Und, was Fans und Fotografen besonders schätzen: Die Leute dort waren zum größten Teil sehr offen und unkompliziert. Am Wochenende gelang es ohne weiteres, im Bw zu fotografieren, was anderswo durchaus noch sehr heikel werden konnte, obwohl seit 1973 eine Verfügung existierte, die das Fotografieren der Eisenbahn nicht mehr ausdrücklich verbot. „Von öffentlichem Gelände aus“, hieß es da, und so etwas war natürlich in der Auslegung sehr dehnbar. In Arnstadt jedenfalls wurde die Vorschrift recht großzügig ausgelegt.

Der Bestand an Tenderloks der Baureihe 65.10 wuchs in Arnstadt sogar noch einmal bis auf 18 Maschinen an (Sommer 1974). Man fand sie vor Personenzügen zwischen Erfurt und Saalfeld, zwischen Erfurt und Ilmenau und vor allen Zügen auf der von dort ausgehenden Strecke nach Großbreitenbach. Auch auf der Verbindung über Gräfenroda nach Gotha wurden in den Morgen- und Abendstunden Berufszüge gefahren, tagsüber genügte hier schon der LVT. Bis 1977 währte der 65.10-Einsatz, zuletzt waren es nur noch wenige Leistungen nach Saalfeld oder Übergaben in Ilmenau.

Die beiden letzten 94er des Bahnbetriebswerkes Arnstadt waren die 1329 und die 1601. Da zwischen Ilmenau und Schleusingen seit 1971 die 118 den Verkehr übernommen hatte, blieben den beiden nur noch Reservedienste und Sonderfahrten. Im März 1975 wurde die 94 1601 als letzte z-gestellt.

Im Bw Eisenach waren 1971 gerade die letzten 44er mit Rostfeuerung abgestellt worden. 118er und 120er übernahmen die Leistungen in Richtung Gerstungen und Bad Salzungen.

Lz nach Eisfeld

In Eisfeld wartet ein schwerer Güterzug, der nach Sonneberg soll. Zwei 95er sind deshalb am Morgen unterwegs, um ihn zu holen. Gerade passieren sie Effelder (RH)

Trotzdem besaß Eisenach immer wieder Dampflokomotiven, allerdings in erster Linie als Heizloks und für Reservedienste.

Auch in Gotha war 1971 die Dampfherrlichkeit vorbei, gerade hatte man die letzten G 12, P 8 und T 14[1] abgestellt bzw. standen Einzelexemplare noch für Reservedienste bereit. Noch einmal kamen dann wenige 58.30, 1974 war jedoch definitiv Schluss.

In Erfurt war nach dem Ende des 01.05-Einsatzes im Frühjahr 1973 nicht mehr viel los in Sachen Dampf, einige Öl-44er und 41er durften bleiben. Ein Jahr später wurden als letzte die 41 1035 und 1130 verabschiedet.

Nördlich des Thüringer Beckens hatte das Bw Nordhausen eine lange Tradition. Für die Personenzüge nach Ellrich, Bischofferode, Teistungen, Arenshausen, Mühlhausen, Erfurt und Gotha unterhielten das Bw und die Einsatzstelle Leinefelde bis 1976 diverse 65.10, speziell für die Strecke nach Geismar sogar noch einige 64er. Diese wurden, als ausreichend 110er da waren, jedoch schon im Herbst 1971 abgestellt.

1974 waren in Nordhausen 19 ölgefeuerte 44er stationiert, die sämtlich im Güterzugdienst bis Ellrich, in Richtung Erfurt und Sangerhausen – Halle im Einsatz standen. Die Folgen der Ölkrise ließen die Nordhäuser Brennstoffvorräte schmelzen, die Zahl der unter Feuer stehenden 44er sank. Ab 1981 wurden 52.80 – die ersten in Thüringen – nach Nordhausen beordert, die natürlich nicht annähernd die Leistungen der Drillinge erbringen konnten. Spätestens 1983 war die Zeit der Reko-Kriegslok abgelaufen.

Einmal abgesehen von der Episode mit den 52.80 in Nordhausen, die 1981 auch Personenzugleistungen von Dieselloks rückübernahmen, gab es im Thüringer Wald und in Nordthüringen kein Wiederaufflackern von Dampflokeinsätzen unter dem Motto „Diesel sparen, koste es, was es wolle“. Nur Saalfeld nahm als ein Mekka der Dampf-Enthusiasten aus aller Welt eine gewisse Sonderstellung ein, in Sonneberg hielt die letzte 95er bis 1981 durch. Ansonsten galt: Wo einmal Schluss war, blieb es dabei. Keine Regel ohne Ausnahme: Im ostthüringischen Altenburg wurden 1984 – nach bereits vier Jahren ohne Dampfbetrieb – noch einmal von Liebhabern „Rentnerpläne“ für 52er aufgestellt. Das ging bis 1986. Doch das Bw Altenburg und damit seine Lokomotiven gehörten bahnamtlich zur Rbd Halle und damit nicht nach Thüringen.

Im Bw Nordhausen

Bestens gepflegt waren immer die Nordhäuser 44er. Am 3. Oktober 1981 steht die 44 0056 in schönstem Licht im Bahnbetriebswerk vor dem Wasserturm, flankiert von diversen 132ern (GvH)

Die erste Reko-01

In Saalfeld wird am 23. März 1978 die 01 0501 mit Wasser versorgt. Im Hintergrund steht die 44 0324 vor einem überlangen Güterzug, eine Loklänge vor dem Ausfahrsignal. Das wird schwere Arbeit …

Suhl, Außenbahnsteig

Der 26. Mai 1974 glänzt mit einem schönen Frühlingsabend. Der Personenzug 19 097 mit der 94 1292 wartet auf Reisende. 45 Minuten wird seine Reise über den Friedberg hinüber nach Schleusingen dauern

41 1125-8

Spätherbst an der Saale

Bei Uhlstädt – rechts das Einfahrvorsignal des talabwärts folgenden Bahnhofs – kommt am 4. November 1985 die 41 1125 mit einem typischen Saalebahn-Personenzug heran. Bestimmte Züge waren wegen des Schichtarbeiterandrangs, namentlich bei Zeiß in Jena oder dem Chemiefaserwerk in Rudolstadt-Schwarza, mit Doppelstockeinheiten verstärkt (DH)

26. September 1980

Die 95 0041 donnert vor einem Güterzug von Sonneberg nach Eisfeld bei Bachfeld bergan. Wenige hundert Meter weiter rochtc am Hang boginnt dac Sporrgobiot zur innerdeutschen Grenze

Ilmenau – Himmel blau

Das für Ilmenau sprichwörtlich gute Wetter herrscht auch am 17. Mai 1975. Die Arnstädter 65 1036 wird sich in der kommenden halben Stunde ihren GmP nach Großbreitenbach zusammenstellen und ihn dann – bei Überlast mit Hilfe einer zweiten 65.10 – dorthin bringen

Rückgebaut auf Kohlefeuerung

Die offizielle Einsatzzeit der 95 1027 ist schon vorbei, als sie am 8. Mai 1982 den P 18 007 in Lippelsdorf in Bewegung setzt. Die nunmehrige Museumslok ist für ihre gelegentlichen Fahrten auf die Feuerung mit Kohle zurückgebaut worden

Bachfelder Kurve

Das Dorf Bachfold macht neben der großen Eisenbahnkurve, die den gesamten Ort umrundet, mit einer kleinen Sensation anderer Art auf sich aufmerksam: Es gewinnt über mehrere Jahre hinweg die DDR-Faustball-Meisterschaft!

1974 – das letzte Jahr

Am 28. September 1974 wird die 94 1292 letztmalig einen Planzug von Suhl nach Schleusingen bringen. Doch noch ist Mai. Vom Hang in Suhl-Neundorf gleitet der Blick über die Stadt Suhl im Tal und den Domberg mit dem Bismarcksturm

Eisfeld – Schönbrunn

Im Endbahnhof Schönbrunn hat sich im Juli 1972 die 99 7237 ihren Güterzug für die Rückfahrt nach Eisfeld zurecht rangiert. Noch wenige Minuten, dann geht es los (RH)

Dienstschluss

Am Abend des 24. Juli 1979 hat die 01 0521 einen Zug nach Saalfeld gebracht, abgespannt und ist nun rückwärts an den Wasserkran gefahren. Danach geht es hinüber ins Bw und der Feierabend rückt endlich in greifbare Nähe

Schmölln, 13. Mai 1977

Der P 6051 ist ein typischer Schichtarbeiterzug für die Wismutkumpel des Ronneburger Reviers. Die 58 3053 vom Bw Glauchau brilliert vor dem Doppelstockgliederzug mit ihrem enormen Antritt, allerdings sind ihr für wirklich schnelles Fortkommen mit Vmax 70 km/h enge Grenzen gesetzt

Eilzug 805

Auf seinem gesamten Laufweg von Leipzig nach Sonneberg wird der E 805 von Dampflokomotiven gezogen. Zuerst 01.05, ab Saalfeld 95er. Am 20. März 1978 ist die 95 0041 an der Reihe

Saalfeld (Saale)
950041-4

Hauptbahnhof Gera – erbaut 1911

Die Altenburger Tenderlok 65 1015 steht am 2. Mai 1977 in Gera vor dem P 9075. Dieser fährt zuerst auf der Strecke nach Gößnitz und schwenkt dann über die Lehndorfer Verbindungskurve direkt in die Skatstadt Altenburg ein

An der Saale hellem Strande ...

Mit der 44 0601 an der Spitze kommt am 22. Juli 1980 ein Durchgangsgüterzug von Saalfeld her durch Remschütz gefahren (GvH)

Auf schmaler Spur

Stoppt den Wahn, rettet unsere Bahn!

Nach Thum

Der Zugführer gibt das Handzeichen: Weiter geht es in Gornsdorf am 21. September 1974 mit dem P 14 349 und der 99 1780 nach Thum

Die Streckenlänge der Schmalspurbahnen auf dem Territorium der DDR hatte zwischen 1950 und 1974 folgende Entwicklung genommen:

- 1950 – 1.306 km
- 1955 – 1.349 km
- 1960 – 1.308 km
- 1965 – 1.074 km
- 1970 – 558 km
- 1974 – 340 km

Deutlich wird, dass zur Mitte der 1960er-Jahre das „Schmalspursterben" einsetzte. Damals wurden auf Geheiß des Ministeriums für Verkehrswesen intensive Wirtschaftlichkeitsuntersuchungen durchgeführt. 1966 existierten noch 31 Schmalspurbahnen (zwei ausschließlich mit Güterverkehr) mit einer Gesamtstreckenlänge von 1.009 Kilometern. Das entsprach einem Anteil am Gesamt-Reichsbahnnetz von 6,3 Prozent. Auf diesem Netz wurden jedoch nur 2,2 Prozent der Reisenden befördert bzw. nur 1,2 Prozent der Gütermenge. Die Untersuchungen ergaben, dass die meisten der Schmalspurbahnen völlig unwirtschaftlich arbeiteten und dazu noch große Investitionen in den Unterhaltungszustand nötig waren. Was folgte, war klar: Einstellung zum nächstmöglichen Zeitpunkt.

Ein weiterer Grund für die Schließung: Stets waren in der DDR und speziell bei der Bahn Arbeitskräfte knapp. Jede geschlossene Schmalspurverbindung war ein willkommener Spender von Eisenbahnern und Hilfskräften für andere Bereiche des Unternehmens.

Folgende Schmalspurstrecken wurden 1973, dem Todesjahr von Walter Ulbricht, durch die Deutsche Reichsbahn betrieben:

Spurweite 1.000 mm

- Wernigerode – Nordhausen Nord und Eisfelder Talmühle – Hasselfelde 91,8 km
- Gernrode – Harzgerode/Straßberg 24,8 km
- Eisfeld – Schönbrunn 17,8 km

Spurweite 900 mm

- Bad Doberan – Kühlungsborn West 15,4 km

Spurweite 750 mm

- Putbus – Göhren 24,4 km
- Cranzahl – Oberwiesenthal 17,3 km
- Freital-Hainsberg – Kipsdorf 26,3 km
- Nossen – Obergruhna-Biberstein 6,3 km
- Schönheide Süd – Rothenkirchen 12,8 km
- Wilkau-Haßlau – Kirchberg 6,7 km
- Wolkenstein – Jöhstadt 23,0 km
- Oschatz – Kemmlitz 17,0 km
- Thum – Meinersdorf 12,5 km
- Wilischthal – Papierfabrik 1,3 km
- Schönfeld-Wiesa – Papierfabrik 1,4 km
- Radebeul Ost – Radeburg 16,5 km
- Zittau – Oybin/Jonsdorf 16,0 km

Spurweite 600 mm

- Waldeisenbahn Muskau ca. 30 km

Einige dieser Verbindungen waren lediglich „Streckenstummel“ einstiger großer Netze mit bescheidenem Güterverkehr (Nossen, Schönfeld-Wiesa, Wilischthal), auf anderen wurde speziell an Wochenenden, in der Urlaubszeit und zu Feiertagen ein gewaltiger Ausflugsverkehr gemeistert (Cranzahl, Zittau, Harz, Putbus, Bad Doberan) und die Oschatzer Schmalspurbahn bewältigte noch beides: Personen- und immensen Güterverkehr.

All diese Bahnen waren zu dieser Zeit technisch völlig überholt. Bei vielen war die Betriebseinstellung nur eine Frage von Tagen oder Wochen. Die südthüringische Strecke Eisfeld – Schönbrunn machte schon am 28. Februar 1973 den Anfang vom Ende: Einstellung des Rest-Güterverkehrs. Die Loks und noch brauchbares Wagenmaterial wurden in den Harz umgesetzt.

Gerade aber dieses Vorsintflutliche der Schmalspur-Welt in der DDR zog ständig mehr Eisenbahnenthusiasten aus aller Welt an! Japaner, Kanadier, Engländer, Schweden und natürlich Bundesbürger umschwärmten die kleinen Bahnen und registrierten wehmütig, dass diese Welt bei ihnen daheim längst untergegangen war. Und: Sie brachten Devisen. Die brauchte das Land dringend. Am 5. November 1973 ordnet das DDR-Finanzministerium den Zwangsumtausch von 20 Mark pro Tag und West-Besucher an.

Aus heutiger (Rück-)Sicht kann man es kaum glauben: Es gelang dem Land DDR einfach nicht, eine betriebstaugliche schmalspurige Diesellok oder einen Triebwagen zu entwickeln und zu bauen. Nicht vorstellbar, wie ein Land, das bei internationalen Sportereignissen Goldmedaillen in Serie abräumte und auch in manch „nichtsportlichem“ Bereich international durchaus für Aufsehen sorgte, nicht in der Lage war (oder sein durfte?), einen gut funktionierenden Lkw-Motor zu bauen (oder zu importieren), ein Fahrgestell zusammenzuschweißen und eine flotte Karosserie daraufzusetzen und damit die teils über 50jährigen Wagen von Schmalspurbahnen zu ersetzen. Es ging eben einfach nicht. Oder wusste man, dass die Devisenbringer wegbleiben würden, wenn die Diesellok ihren Dienst antrat?

60 Zentimeter Spurweite

In Bad Muskau rangiert am 3. Juli 1975 die 99 3317. Die Mannschaft hat auf dem Wasserkasten alles dabei, was man bei Entgleisungen unterwegs brauchen kann

Rekonstruktion und Modernisierung hieß das Zauberwort. Denn: Zu Beginn der siebziger Jahre hatten wiederum Wirtschaftlichkeitsuntersuchungen stattgefunden. Nun wurden jedoch die Prämissen anders gesetzt. Der kulturelle und denkmalgeschichtliche Wert einer Bahn rückte mit in das Blickfeld der Betrachtung. Was betriebswirtschaftlich richtig sein konnte – die sofortige Schließung einer unrentablen Strecke – konnte volkswirtschaftlich durchaus fragwürdig sein. Das Landschaftsbild und die Identifikation mit einer Region, die Freude von Urlaubern und die Erhaltung technikgeschichtlich wertvoller Zeugen waren langfristig höher einzuschätzen als kurzfristige finanzielle Erleichterung. So wurde der Beschluss gefasst, acht Strecken für einen in erster Linie touristischen Verkehr zu erhalten. Es waren dies:

- Harzquerbahn
- Selketalbahn
- Cranzahl – Oberwiesenthal
- Freital-Hainsberg – Kipsdorf
- Radebeul Ost – Radeburg
- Zittau – Oybin/Jonsdorf
- Bad Doberan – Kühlungsborn
- Putbus – Göhren.

Hier war nun Erneuerung dringendst geboten. Die Selketalbahn z. B. war zuvor auf Verschleiß gefahren worden in Erwartung einer sicheren Betriebseinstellung, bei anderen Strecken war es ähnlich. Das betraf sowohl den Zustand von Oberbau und Gleisen, von Hochbauten als auch den von Lokomotiven und Wagen.

In Sachen Gleisbau half man sich u. a. mit einer in der DDR gängigen und beliebten Methode: Studentensommer. Unter der Anleitung erfahrener Rottenmänner halfen Hunderte von Studenten aus dem In- und auch Ausland in ihren Semesterferien, Kilometer um Kilometer maroden Oberbau zu erneuern. Stärkere Schienenprofile wurden eingebaut (neu mussten diese nicht sein, gebrauchte von Normalspurstrecken taten es auch), Schwellen wurden erneuert, Schotter gestopft, wo vorher Sand oder Kies lagen. Junge Leute waren an frischer Luft, wurden umsonst braun und verdienten noch ein paar Mark, vielleicht für die geplante Reise zum Plattensee oder in die Tatra. Schlecht war das nicht, manche Museumsbahn wäre heute froh, auf diese Art und Weise in kurzer Zeit ihre Strecke in Ordnung zu bekommen. Jeder, der damals dabei war, erinnert sich heute noch gern daran, man muss sich einfach einmal im Kreise heute etwa 50jähriger Eisenbahningenieure umhören.

Was Loks und Wagen betraf, war die Sache etwas komplizierter. Dem Charakter zukünftiger Museums- bzw. Touristikbahnen entsprechend sollten weiterhin Dampflokomotiven fahren. So war man (vorerst) auch das Problem mit Dieselloks oder Triebwagen los.

Das Raw in Perleberg nahm sich der Rekonstruktion des Wagenparks an. Schön sahen die Produkte nicht unbedingt aus, aber sie hielten nun wieder mittelfristig.

Das Raw „Deutsch-Sowjetische Freundschaft" in Görlitz (Schlauroth) musste nach und nach die weiterhin benötigten Lokomotiven einer gründlichen Kur unterziehen. Erfahrungen besaß man im Werk bereits in dieser Hinsicht. In den 1960er-Jahren hatte das Raw unter dem Zauberbegriff „Rekonstruktion" schon 14 Lokomotiven der Einheits-Baureihe $99^{73\text{-}76}$ mit Neubaukesseln ausgerüstet. Darüber hinaus waren $99^{51\text{-}60}$ (sä. IV K) und $99^{64\text{-}71}$ (sä. VI K) und viele Einzelstücke ehemaliger Privatbahnen rekonstruiert worden.

Beginnend 1976 wurden die im Bergdienst hart geforderten meterspurigen 99.723-724 auf Ölhauptfeuerung umgebaut und folgerichtig umgenummert in 99.023-024. Kaum war man mit allen 17 Maschinen 1981 durch, hieß es: Kommando zurück, Rückbau auf Kohlefeuerung!

Zu Beginn der 1980er-Jahre wurden die inzwischen ein Vierteljahrhundert alten Neubaulokomotiven der Reihen 99.723-724 (1.000 mm) und 99.177-179 (750 mm) verstärkt schadhaft. In Görlitz kam man kaum mehr nach mit dem Reparieren, u. a. auch, weil man inzwischen andere

Aufgaben, wie die Wartung aller Rollfahrzeuge oder die Herstellung von Gleisbremsen „auf's Auge gedrückt" bekommen hatte.

Eine kleine Sensation war der Wiederaufbau der Verbindung Stiege – Straßberg im Harz 1981 bis 1983. 14 Kilometer Meterspurgleis, auf alter Trasse neu verlegt, dazu der Bau der Wendeschleife in Stiege: Wo gab es das sonst in der modernen Welt? Der Grund lag wieder im Mangel, denn Rohbraunkohle musste von Nordhausen aus in das Heizwerk von Silberhütte gefahren werden. Dazu war die Wiederherstellung der alten Verbindung zwischen Harzquer- und Selketalbahn unumgänglich. 1'E1'er in Doppeltraktion wuchteten nun jeden Morgen sieben oder acht mit Kohle beladene, aufgebockte O-Wagen das Behretal hinauf – welch ein Genuss für Auge und Ohr!

Doch 1986 waren die Probleme mit den Dampflokomotiven so groß geworden, dass zum weiteren Betrieb der Schmalspurbahnen bis dahin undenkbare Alternativen ernsthaft erwogen wurden: Für die Bahnen im Harz sollte nun endlich eine Diesellok kommen, natürlich kein wirklicher Neubau, sondern ein meterspuriger C'C'-Ableger der Normalspur-110. Im November 1988 traf das erste „Harzkamel", die 199 863, in Wernigerode ein. Für die Touristen sollte am Wochenende Dampf geboten werden, in der Woche und im Güterverkehr sollten die Diesel fahren. Das wurde in etwa auch so verwirklicht. Für Bad Doberan und Zittau wurde gar die Elektrifizierung erwogen. Doch die Realität sah anders aus: Wenig später stand die Stilllegung der Bahn ins Zittauer Gebirge im Raum, weil ein Braunkohlentagebau sich unerbittlich in Richtung Zittauer Südstadt und Strecke fraß. Öffentlicher Unmut machte sich breit, das war denn doch zu viel: Abraumbagger gegen eine kleine Bahn, eine kleine Stadt und ein kleines Gebirge! Zittau war einer dieser Orte, wo die Stimmung kippte und die innere Ordnung der DDR zu bröckeln begann.

Doppelausfahrt in Bertsdorf

4. März 1979: Während die 99 1741 mit ihrem Zug nach Jonsdorf losdampft, tut das die 99 1759 mit dem ihrigen in Richtung Oybin

So auch im Preßnitztal: Die Bahn von Wolkenstein nach Jöhstadt stand nicht auf der Überlebensliste. Auf ihr wurden vor allem Kühlschränke aus dem Werk in Niederschmiedeberg abtransportiert. 1984 wurde unter öffentlichem Protest („Stoppt den Wahn – rettet unsere Bahn") der Personenverkehr eingestellt. 1986 war auch mit dem Güterverkehr Schluss, der Abbauzug erledigte den Rest.

Zum Ende der achtziger Jahre waren Fachleute in Bulgarien und Rumänien unterwegs, um die dort eingesetzten 760-mm-Diesellokomotiven zu begutachten und eventuell zu importieren. Es blieb bei den Visiten.

Fest geplant war die Komplettüberholung (neue Kessel, neue Rahmen, neue Zylinder, neue Stangen) der Neubaulokomotiven für Meterspur und 750 mm. Ironie der Geschichte: Verwirklicht wurde dies erst, als es die DDR nicht mehr gab. Die Dampflokomotiven, die heute im Harz oder im Erzgebirge Scharen anlocken, sind Produkte der „Nachwendezeit" aus Görlitz und Meiningen.

Netzkater

Ein wilder Kater sei hier früher im Harz zwischen Eisfelder Talmühle und Ilfeld ins Netz gegangen – Jägerlatein? Realität: Eine 1'E1'-Meterspur-Neubautenderlok zieht flott in Richtung Wernigerode durchs Tal (DS)

Bahnhof Wolkenstein im Mai 1977

Der Ort Wolkenstein mit schönem alten Stadtkern und Schloss liegt oben auf den felsigen Anhöhen und ist auf diesem Bild gar nicht zusehen. Im Tal regiert der DDR-Alltag: Fahnen an bröckelnden Fassaden, Kohlen- und Dreckhaufen überall, altertümliche Technik. Doch die begeistert, speziell im Fall der 99 1583

99 1794-9

Freital-Hainsberg

An der Bekohlung der Einsatzstelle ruht sich die letztgebaute Schmalspur-Neubautenderlok 99 1794 aus, während im Hintergrund der Heizer einer anderen Maschine sein Feuer für die Fahrt nach Kipsdorf aufbaut (DH)

Abnahmefahrt nach Raw-Aufenthalt

Halt in Großrückerswalde: Ohne Laternen, doch frisch aus dem Ausbesserungswerk Görlitz, ist am 3. Mai 1977 die 99 1585 der Planlok 99 1583 zwischen Wolkenstein und Jöhstadt vorgespannt

Dreischienengleis

Die 99 1585 hat am 29. April 1979 mit ihrem Personenzug nach Jöhstadt den Bahnhof Wolkenstein verlassen. Bis zum Abzweig in das Preßnitztal wird auf einem Dreischienengleis die Normalspurstrecke nach Annaberg-Buchholz mitbenutzt

Rest des Thumer Netzes

Die Verbindung Meinersdorf – Thum wird bis zum 29. September 1974 von Personenzügen befahren. Eine Woche vor der Einstellung entstand in Meinersdorf dieses Foto mit der 99 1780

Waldeisenbahn Muskau

Im Stadtgebiet von Bad Muskau, in unmittelbarer Nähe der Neiße und der Grenze zu Polen, rollt am 3. Juli 1975 die 99 3317 mit ihrem Güterzug auf 600-mm-Spur durch einen Park

Alexisbad

Großes Treffen im Abzweigbahnhof der Selketalbahn: Am 28. Juni 1978 sind die Mallet-Lokomotiven 99 5901 und 5902 und die 1'C1'-Tenderlok 99 6001 mit ihren Zügen in Alexisbad versammelt. Jetzt sind einige Minuten Zeit zum Wassernehmen und Umsteigen, dann dampfen alle wieder davon

99 4631-6

99 1582 in Schönheide Süd

Aus roten Klinkern, die Fenster in Sandstein gefasst, bestanden die meisten Stationsgebäude entlang der Strecke Aue – Adorf. In Schönheide Süd existierten 750-mm-Anschlüsse nach Carlsfeld und Wilkau-Haßlau. 1976 wird jedoch nur noch mit Güterzügen zur Bürstenfabrik nach Stützengrün gefahren. Auf eine solche Fahrt bereitet sich das Personal der 99 1582 gerade vor

Auf der Insel Rügen

Fast immer weht eine starke Brise: Am 12. September 1977 zerreißt der Wind den Rauch der 99 4631, die mit ihrem Personenzug gerade den Haltepunkt Posewald erreicht hat

Über den Viadukt

Ein gutes halbes Stündchen, nachdem das Bild oben gemacht wurde, hat die Reise der 99 1582 begonnen. Erste Attraktion ist der Viadukt über Mulde und Normalspurbahn

Die alte G 12 am D-Zug

Lauter Sachsen in Lauter (Sachsen)

Aue war ein heißes Pflaster. Nur wenigen ist es gelungen, im Bahnbetriebswerk der Erzgebirgsstadt gute Fotos zu machen. Das lag am gestrengen Vorsteher, der einfach eisern darüber wachte, dass „seine Geheimnisse" nicht für fremde Blicke offenbar wurden.

Also ausweichen an die Strecke. Das fiel leicht, denn die von Aue ausgehenden Verbindungen in Richtung Zwickau, Karl-Marx-Stadt, Annaberg-Buchholz und Adorf waren durch die Bank ausgesprochen fotogen. Und: In den 1970er-Jahren war es auch nicht mehr ganz so heikel, dort zu fotografieren, wo einst die SDAG (Sowjetisch-Deutsche AG) „Wismut" fieberhaft nach Uran hatte graben lassen, die Erzförderung war schon stark zurückgegangen bzw. ins Ronneburger Revier, nach Gittersee bei Dresden und Königsstein verlagert worden.

Die alte G 12: 58 1800

Zum Bahnbetriebswerk Aue gehört die 58 1800, hier 1972 gerade frisch hauptuntersucht aus dem Raw Meiningen entlassen. Die Reichsbahn kann zu dieser Zeit noch nicht auf die Drillinge verzichten, deren Konstruktion aus der Zeit des Ersten Weltkrieges stammt (RH)

Eine stattlicher Ort an der Strecke hinauf nach Schwarzenberg hieß – und heißt heute noch – Lauter. Weil es bei Traunstein in Oberbayern noch ein Lauter gibt, heißt das erzgebirgische bahnamtlich Lauter (Sachsen), woraus schnell „lauter Sachsen" wurde.

Ohne den Erzgebirglern zu nahe treten zu wollen: Wer kennt schon Lauter? Dabei gibt es Interessantes zu berichten: Lauter hatte zu Beginn der 1950er-Jahre eine erstklassige Fußballmannschaft mit dem Namen „Empor". Weil aber auch in Karl-Marx-Stadt, Zwickau und Aue – also im engsten Umkreis – guter Fußball gespielt wurde, es damit aber im Norden schlecht aussah, wurde kurzerhand die gesamte Mannschaft nach Rostock verpflanzt (in Zeiten der Kommandowirtschaft die Sache eines einzigen Befehls). So entstand Empor

Schiebedienst

Am 20. Mai 1975 verlässt ein Güterzug den Bahnhof Aue in Richtung Eibenstock unterer Bahnhof. Mag sein, dass er schon Material für die Talsperre befördert, deren Bau schließlich diese Strecke im Herbst des Jahres unterbrechen wird. Am Zugschluss schiebt die 58 1562

Rostock, später wurde „Hansa" daraus. Die einzige erstklassige Bundesligamannschaft der Saison 2004/05 aus dem Osten Deutschlands hat ihren Ursprung also in Lauter (Sachsen).

Doch das nur am Rande. Bis 1976 wummerten die G 12 durch Lauter! Sie allein waren schon die Reise wert. Sogar D-Züge vertraute man ihnen an: Der Berliner D-Zug lief zwischen Aue und Zwickau hinter einer 58.10. Einen Katzensprung über den Berg ächzten bis 1975 die alten sächsischen 94er vom unteren Bahnhof Eibenstock hinauf in die Stadt zum oberen Bahnhof.

Allgegenwärtig waren die Tenderlokomotiven der Baureihe 86. Doch alles hat ein Ende: Lokführer Dieter Meier von der Einsatzstelle Schwarzenberg schreibt im Herbst 1975 etwas wehmütig an „sein gutes Stück" 86 1001: „Letzter Dienst 25. 09. 1975". Als letzte fährt – schon ohne Schilder und mit provisorisch aufgemalten Nummern – die 86 1608 über die Silvesternacht in den 1. Januar 1977 hinein. Die 86 1001 bleibt „Traditionslok". Es scheint wirklich Schluss zu sein. Scheint …

Fünf Jahre später geschieht das Unglaubliche: Es werden wieder Dampfpläne aufgemacht! Zwischen Schlettau und Crottendorf übernimmt eine 86er den Verkehr. Neben der 86 1001 kommen auch die 86 1056, 1333 und 1501 zum Einsatz. Das geht so bis 1988.

Auch anderswo im Erzgebirge und in seinem nördlichen Vorland flackert das Feuer wieder auf. Es sind in aller Regel Leistungen vor Nahgüterzügen, die wieder von Dampflokomotiven übernommen werden. Reichenbacher 50er fahren (nachdem in der Einsatzstelle Werdau schon 1979 praktisch Schluss war) auf einmal 1983 wieder von Zwickau aus in Richtung Falkenstein und Aue – Schwarzenberg. Eindeutig stecken Fans dahinter, denn mit einer Mischung aus verschiedenen 50.35, der Traditionslok 50 1849 (große Bleche) und der Altbau-Maschine 50 3145 ist für fotografische Abwechslung gesorgt, oder anders ausgedrückt: Hier geht es nicht einfach um das Bewegen von Zügen, um Dienst nach Vorschrift, hier wird aus einer Not (Dieselknappheit) eine Tugend gemacht, hier wird Eisenbahn geliebt und zelebriert.

In der Einsatzstelle Pockau-Lengefeld des Bw Karl-Marx-Stadt ist ab 1977 die 86 1049 als Heizlok stationiert. Nicht selten wird sie vor planmäßige Züge gespannt, etwa hinauf nach Marienberg oder Neuhausen. Das tut dem Kessel gut, und den Fotografen, die fast immer informiert sind, wenn so etwas ansteht. Man kann das auch bestellen, unter der Hand natürlich, einen Kasten Bier = einmal Neuhausen und zurück. Die Plan-110er spart derweil Diesel …

Das Bw Karl-Marx-Stadt selbst setzt von Hilbersdorf aus ab 1978 Rekolokomotiven der Baureihe 50.35 ein, nachdem zuletzt bis um 1977 Altbau-50er, und das vorwiegend als Heizloks, dominiert hatten. Bis 1982 wächst der Bestand auf 20 Stück, die in den Folgejahren, unterstützt von wenigen Altbau-50ern, von den Einsatzstellen Pockau-Lengefeld, Aue und Annaberg-Buchholz aus nach

Arbeitsteilung

Penig: Während die in der Motorleistung verstärkte V 100 in Gestalt der 112 576 im Personenzugdienst eingesetzt wird, ist der Güterverkehr im Muldental 1984 noch eine Sache der Dampflokomotiven (DH)

Hilbersdorf unterwegs sind oder von Hilbersdorf selbst auf die Reise geschickt werden. Und: Alle fahren auf landschaftlich zum Teil äußerst reizvollen Strecken, wie der Zschopautalbahn, der Linie Niederwiesa – Hainichen – Berbersdorf (Steinbruch), der Flöhatalbahn, der Chemnitztalbahn nach Wechselburg, der Strecke von Karl-Marx-Stadt nach Aue und von dort weiter über Schwarzenberg nach Johanngeorgenstadt bzw. über den Markersbacher Viadukt nach Annaberg-Buchholz. All diese Linien sind gespickt mit Steigungen, Viadukten und Brücken, Tunnels, 180-Grad-Kehren, weiten Ausblicken oder Felsschluchten – sprich prachtvollen Fotomotiven. Wiederum anders ausgedrückt: Sie haben alles in echt, was der Modelleisenbahner so gern aus Gips, Pappe und Leim auf seine Anlage zaubert. Weiterer Vorteil: Da in aller Regel Nahgüterzüge gefahren werden, deren Sinn es ist, unterwegs möglichst viel aufzunehmen bzw. abzuliefern, was seine Zeit beim Rangieren braucht, sind diese Züge mit üppigen Fahrzeiten ausgestattet, sehr pünktlich und damit fotografierfreundlich. Also: Schönes Bild machen, mit dem Auto im nächsten Bahnhof den Zug überholen, Motiv suchen, wieder schönes Bild machen – und das ohne jede Hektik. Es wird auch genau so gemacht. Von Eisenbahnliebhabern aus aller Welt. Auch in Glauchau (das noch in der Mitte der 1970er-Jahre immer um die 20 Reko-58er im Bestand hatte, bis 1981 deren Ende kam) wird bis weit in die 1980er-Jahre mit 50.35, einzelnen Altbau-50ern und dann sogar 52.80 in das herrliche Muldental (Zwickauer Mulde) und in Richtung Oelsnitz gefahren.

Das Bw Nossen bespannt, u. a. mit der 50 1002 (große Windleitbleche), Nahgüterzüge und Personenzüge an der Freiberger Mulde entlang und nach Riesa und holt schließlich sogar die 35 1113 wieder in den Einsatzbestand zurück …

Das war der Unterschied zu Thüringen: In Sachsen kam das Feuer der Dampflokomotiven einfach nicht zur Ruhe. In Thüringen war das anders:

Steilstrecke mit 50 Promille

Die 94 2043 vom Bw Aue drückt am 20. Mai 1975 einen Personenzug die Steigung zum oberen Bahnhof in Eibenstock hinauf

Bahnbetriebswerk Glauchau

Zwei der rekonstruierten Drillinge der Baureihe 58.30 stehen am 18. Mai 1975 vor der Drehscheibe im Bw Glauchau

Wo einmal Schluss war, gab es kein zurück zum Dampf mehr. Woran das gelegen hat? War die „Fandichte" in einflussreichen Positionen in Sachsen größer? War der Betrieb – zum Teil schwere Nahgüterzüge in den Lücken der Personenzüge – einfach passgerecht für einen schönen 50er-Tagesumlauf? War die Infrastruktur dampffreundlicher?

Das sind heute Fragen für schöne Nostalgieabende am Stammtisch. Erich Preuß, damals Reporter der DDR-Eisenbahnerzeitung „Fahrt frei", erinnert sich: „Am 12. März 1982 war ich in der Einsatzstelle Annaberg-Buchholz, als der Vizepräsident Heinz Dittfahrt die Lokpersonale davon überzeugen wollte, nun wieder auf der Dampflok zu fahren. Er hatte sich auf Gegenwehr eingestellt. Aber er rannte offene Türen ein! Mit großer Freude wurde die neuerliche Traktionsumstellung aufgenommen. Lokführer mit Lizenz für die Baureihe 118 waren ohne Murren bereit, auch als Heizer zu fahren. Das waren eben Dampffans."

Lokwechsel in Aue

Am 20. Mai 1975 ist der P 3603 aus Zwickau hinter der 86 1193 in Aue eingetroffen. Für die weitere Bespannung nach Johanngeorgenstadt ist die 58 1562 zuständig, die schon links bereit steht

Ein Gärtchen an der Bahn

Die Glauchauer 58 3049 stampft am 21. September 1980 bei Lichtenstein bergan in Richtung Oelsnitz. Neben den Gleisen wird jeder Quadratmeter genutzt, um ein paar Vitamine für die Küche zu gewinnen (GvH)

Neogotische Spitzbögen

Der Nahgüterzug von Karl-Marx-Stadt nach Döbeln rollt am 24. März 1983 über den Dietenmühlen-Viadukt unweit von Waldheim. Eingeteilt für diese Leistung ist an jenem Tag die 50 3690 (GvH)

Drilling mit drei Wagen

In Wüstenbrand wartet am 26. Januar 1981 die 58 3028 vor dem P 17 699, den sie nach Oelsnitz zu bringen hat

Zwei Zwillinge

Am 25. Mai 1974 haben zwei 86er – 86 1758 und 1089 – den P 3603 nach Johanngeorgenstadt hinauf zu bringen und sind dabei gerade auf der Höhe von Breitenbrunn angelangt

Dampf und Diesel

In Langenleuba-Oberhain wartet im April 1987 eine 112 mit ihrem Kurz-Personenzug 15 644 (nach Penig) auf die 50 3576, die mit dem Leerzug 58 354 nach Rochlitz unterwegs ist (GvH)

58 1207-8

Bergan nach Johann'stadt

Der Personenzug 9627 fährt am Vormittag von Zwickau nach Johanngeorgenstadt. Am 25. Mai 1974 hat die 58 1207 mit ihm Schwarzenberg-Neuwelt erreicht

Bewegung an frischer Luft tut gut

30. März 1989, wieder einmal muss die Pockauer Heizlok 86 1049 „ausgeführt" werden. Das geschieht am besten vor einem Plänzug in Richtung Neuhausen am Erzgebirgskamm. Zwischen Nennigmühle und Blumenau überquert der Zug dabei die Flöha (DS)

Auf dem Weg nach Amerika

Einen Sandzug hat die 50 3657 am 24. August 1985 am Haken. Im Tal der Zwickauer Mulde wird sie wenige hundert Meter wêiter gleich die Fabrikansiedlung Amerika aus der Gründerzeitära erreichen (GvH)

Keilbahnhof Döbeln Hbf

Am 24. Oktober 1986 hatte die 50 3603 Dienst vor dem P 7774 nach Großbothen, ein Zug, der beide sächsischen Mulden (Freiberger und Zwickauer) miteinander verknüpfte (DS)

29. Oktober 1988

Ende einer großen Epoche

Eilenburg im Mai 1988

Man spürt es: Das Ende ist nahe. Mit dem Abschied von der Dampflokomotive wird eine Art zu leben und zu arbeiten untergehen (DH)

29. Oktober 1988: Pünktlich um 17.12 Uhr fährt die 50 3559 mit dem P 8457 aus Thale in den Bahnhof Halberstadt ein. „Letzte Dampflokfahrt" prangt in großen Lettern auf einem Schild an der Rauchkammer. Mit einem langen Pfiff rangiert Lokführer Manfred Schulz die 50 3559 zurück in das Bahnbetriebswerk Halberstadt – der Traktionswechsel bei der Deutschen Reichsbahn ist damit beendet.

Der lange Abschied von den letzten Dampflokomotiven hatte bereits ein Jahr zuvor begonnen. Wie in jedem Winter benötigen auch ab Herbst 1987 zahlreiche Bahnbetriebswerke wieder Dampfloks für die Wärmeversorgung der Lokschuppen, Umkleideräume, Waschräume und Weichen. Da jedoch bei zahlreichen Maschinen inzwischen die Kesselfristen abgelaufen waren, blieb den Eisenbahnern in den Dienststellen nichts anderes übrig, als die letzten einsatzfähigen Loks aus dem Plandienst abzuziehen und auf die Heizstände zu schicken.

So beendeten bereits im September und Oktober 1987 einige Bahnbetriebswerke die Dampflokomotivzeit.

Eher still und leise verabschiedeten die Bahnbetriebswerke Angermünde und Falkenberg ihre Maschinen der Baureihe 52.80. Während die Angermünder 52 8053 und 52 8141 bereits am 16. Oktober 1987 den Dienst quittierten, setzten die Lokleiter des Bw Falkenberg die 52 8174 noch einige Tagen länger als Dispo-Lok ein. Am 31. Oktober hatte auch sie ausgedient. Auch der Einsatz der Baureihe 41 endete (vorerst) ohne großes Aufsehen: Am 10. November 1987 stellte die Einsatzstelle Staßfurt des Bw Güsten als letzte die 41 1150 ab.

Andere Bahnbetriebswerke hingegen veranstalteten für ihre letzten Planmaschinen standesgemäße Abschiedsfahrten. So bespannte das Bw Salzwedel am 25. September 1987 mit seiner auf Hochglanz polierten 50 3618 noch einmal den Reisezug P 7307 nach Stendal. Auch die Eisenbahner aus Brandenburg organisierten für ihre letzte Planlok, die 52 8184, eine Abschiedsvorstellung. Frisch lackiert brachte die Lok am 16. Oktober 1987 den P 19236 von Brandenburg über die Städtebahn nach Neustadt (Dosse). Zurück ging es dann mit dem P 19239, der pünktlich um 21.52 Uhr wieder in Brandenburg Hbf eintraf. Sogar einige pensionierte Lokführer und Heizer hatte man zu dieser Fahrt eingeladen.

Doch nicht immer konnten die Lokleiter und Chefs der Abteilung Tb (Triebfahrzeugbetrieb) auf die Dampfloks verzichten. So erwies sich der Abschied von der Baureihe 50.35 in den Umläufen des Bw Aue als verfrüht. Gemäß den Anweisungen der Rbd Dresden und des Bw Karl-Marx-Stadt, dem die in Aue eingesetzten Reko-50er unterstanden, rückte die 50 3646 am 30. September 1987 zu ihrer letzten Fahrt aus. Das Lokpersonal erschien an diesem Tag in Frack und

Auf der 86 1001

Zwischen Schlettau und Crottendorf ist im Januar 1987 die erste Einheitstenderlok der Baureihe 86 immer noch im Einsatz (DH)

Zylinder zum Dienst und am Tender stand geschrieben: „Dies treue Eisen muss dem Fortschritt weichen! Statt Gnadenbrot wartet der Brennertod!?" Das reimte sich zwar nicht reibungslos, kam aber von Herzen.

Doch für den Güterzugdienst auf den Strecken des Erzgebirges fehlten schlichtweg Dieselloks der Baureihe 118.6, so dass nur zwei Wochen später das Bw Karl-Marx-Stadt wieder zwei Dampfrösser nach Aue schicken musste. Zur großen Freude der Eisenbahnfans wurde dabei die letzte betriebsfähige Altbau-50er der DR, die 50 3145, reaktiviert. Unterstützt wurde sie durch die 50 3616. Ab 2. Dezember 1987 kam noch die eigens aus Wittenberge umgesetzt 50 3554 hinzu. Doch die Einsätze der 50 3145 endeten bereits am 18. November 1987 nach Ablauf der Kesselfrist. Die geplante Fristverlängerung war nicht möglich, da der Kessel bei der Druckprobe in der Einsatzstelle Karl-Marx-Stadt-Hilbersdorf zwischen dem Dampf- und Speisedom riss.

Wenige Wochen später, am 2. Dezember 1987, zog das Bw Karl-Marx-Stadt die 50 3616 aus Aue ab. Als letzte Reko-50er dampfte nun 50 3554 durch das Erzgebirge. Damit war am 1. Dezember 1987 Schluss: Mit Tannengrün an der Rauchkammer und „Adé du schönes Zwönitztal, heut' sehn wir uns das letzte Mal!" am Tender brachte sie den Nahgüterzug 65355 um 22.36 nach Hilbersdorf.

So schrumpfte die Zahl der im Plandienst eingesetzten Dampfloks von Monat zu Monat zusammen. Im Januar 1988 setzten lediglich die

Bahnbetriebswerke Halberstadt (mit der Einsatzstelle Oschersleben), Haldensleben, Glauchau (Einsatzstelle Rochlitz) und Leipzig-Engelsdorf noch planmäßig einige 50.35 und 52.80 ein. Dazu gesellte sich noch die 86 1501, die von der Einsatzstelle Annaberg-Buchholz aus weiterhin die Züge auf der Strecke Schlettau – Crottendorf bespannte. Als Betriebsreserve und Dispo-Maschinen hielten außer-dem Bautzen, Görlitz und Zittau einige 52.80 vor. Zwar waren diese fast täglich im Einsatz, doch eigene Dienstpläne gab es für sie nicht mehr.

Im Februar 1988 schmolz der Betriebspark weiter zusammen. So veranstalteten die Eisenbahner des Bw Bautzen am 27. Februar 1988 eine inoffizielle Abschiedsfahrt mit ihrer 52 8149, die nun zur Heizlok degradiert wurde. In den folgenden Wochen hielten die Lokleiter nur noch die 52 8123 als Reserve vor. Auch in Zittau kam die 52 8047 nur noch fallweise zum Zuge. Lediglich die Görlitzer 52 8051 kam fast jeden Tag zum Einsatz.

Und auch in der Rbd Halle stand nur noch eine 52.80 planmäßig unter Dampf. Mangels Heizloks musste das Bw Leipzig-Engelsdorf den Umlauf auf eine Lok reduzieren. Vor den Güterzügen nach Eilenburg wechselten sich nun 52 8119 und 52 8186 ab. Beide Loks präsentierten sich in einem ausgezeichneten Pflegezustand. Die 52 8186 hatte erst wenige Wochen zuvor im Raw Meiningen als eine der letzten Dampfloks der Deutschen Reichsbahn eine Hauptuntersuchung L7 (Abnahme 30. Januar 1988) erhalten.

Aber auch in der Rbd Dresden war das Ende der Dampftraktion unübersehbar. So musste das Bw Glauchau wegen fehlender Maschinen im Februar 1988 den Rochlitzer Umlauf vorübergehend aufgeben und konnte auf den Strecken nach Oelsnitz und St. Egidien nur 50 3551 und 50 3670 im Wechsel einsetzen.

So war am 1. März 1988 die Zahl der eingesetzten Dampfloks bei der DR auf ein Minimum zusammengeschrumpft. Das Bw Halberstadt war mit täglich vier 50.35 (Bw Halberstadt eine Lok, Einsatzstelle Oschersleben drei Loks) die letzte Dienststelle mit einem nennenswerten Einsatzbestand.

Im Frühjahr 1988 hieß es dann von weiteren Maschinen Abschiednehmen. So setzte das Bw Haldensleben am 27. März letztmalig seine 52 8147 vor Nahgüterzügen auf der Strecke nach Weferlingen ein.

Doch es geschahen noch kleine Wunder: Das Bw Glauchau konnte Ende März wieder drei 50.35 auf die Strecke schicken. Nach der Reparatur der 50 3519 und der Übernahme der Raw-neuen 50 3576 (Abnahme 17. Februar 1987) standen wieder genug einsatzfähige Maschinen zur Verfügung. Die 50 3576 war die letzte Dampflok, die das Raw Meiningen betriebsfähig aufgearbeitet hatte. Alle weiteren 50.35 und 52.80 verließen Meiningen als nicht betriebsfähige Heizloks oder Dampfspender.

Die Einsatzstelle Staßfurt des Bw Güsten reaktivierte die im Dezember 1987 im Raw Meiningen im Rahmen einer Zwischenuntersuchung (Abnahme am 6. Januar 1988) instandgesetzte 41 1231. Als Garantiefahrten deklariert bespannte die Lok ab 11. April 1988 Reisezüge auf den Strecken Schönebeck-Salzelmen – Sangerhausen. Festlich geschmückt beendete sie am 8. Mai 1988 den Planeinsatz der Baureihe 41 bei der DR.

Nun verging kaum ein Wochenende ohne Abschiedsfahrten. Ein wahres „Volldampf-Wochenende" organisierten die Eisenbahner in der Oberlausitz. So wurden auf einer kleinen Lokausstellung in Löbau am 14. und 15. Mai 1988 die 44 1616, 50 0072, 52 8123 und 65 1057 ausgestellt. Am 14. Mai bespannten die 52 8149 (Zuglok) und 52 8200 (Vorspann) einen Sonderzug durch das Cunewalder Tal nach Großpostwitz. Dort setzte die 52 8200 um, und Tender voraus ging es weiter über Wilthen nach Bischofswerda. In Neukirch traf der Sonderzug auf den Nahgüterzug 65277, der von der 52 8047 des Bw Zittau gezogen wurde. Einen Tag später bespannten 52 8149 und 52 8200 die Rei-

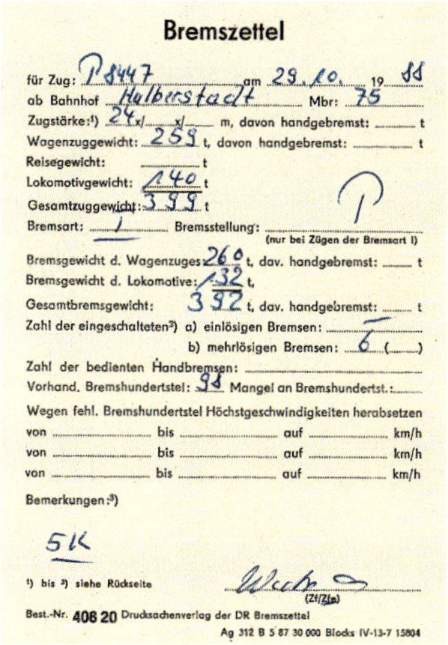

Bremszettel

für Zug: P 8447 am 29.10. 19 88
ab Bahnhof Halberstadt Mbr: 75
Zugstärke:[1]) 24 x/ x/ m, davon handgebremst: t
Wagenzuggewicht: 259 t, davon handgebremst: t
Reisegewicht: t
Lokomotivgewicht: 140 t
Gesamtzuggewicht: 399 t
Bremsart: I Bremsstellung: P
(nur bei Zügen der Bremsart I)
Bremsgewicht d. Wagenzuges: 260 t, dav. handgebremst: t
Bremsgewicht d. Lokomotive: 132 t,
Gesamtbremsgewicht: 392 t, dav. handgebremst: t
Zahl der eingeschalteten[2]) a) einlösigen Bremsen: –
b) mehrlösigen Bremsen: 6 ( )
Zahl der bedienten Handbremsen:
Vorhand. Bremshundertstel: 98 Mangel an Bremshundertst.:
Wegen fehl. Bremshundertstel Höchstgeschwindigkeiten herabsetzen
von bis auf km/h
von bis auf km/h
von bis auf km/h
Bemerkungen:[3])
5K

[1]) bis [3]) siehe Rückseite
(Zf/Zfe)
Best.-Nr. 408 20 Drucksachenverlag der DR Bremszettel
Ag 312 B 5 87 30 000 Blocks IV-13-7 15804

Relikt auf vergilbtem Papier

Der Bremszettel des P 8447 (Halberstadt – Magdeburg), des drittletzten von einer Dampflokomotive planmäßig geführten Reisezuges der Deutschen Reichsbahn (AG)

sezüge im Cunewalder Tal. Das Bw Görlitz setzte am 15. Mai 1988 außerdem seine 52 8051 vor den Güterzügen Dg 54206 und N 65217 auf der Strecke nach Löbau ein. „Letzter Streckendienst mit Dampf", hatten die Görlitzer Eisenbahner auf die Rauchkammer ihrer Lok geschrieben.

Ausgefallen hingegen waren die von engagierten Eisenbahnern geplanten Abschiedsfahrten mit der 86 1501 der Einsatzstelle Annaberg-Buchholz im Erzgebirge. Die Tb-Gruppe des Bw Aue verfügte bereits am 26. Mai 1988 die Abstellung der Maschine.

Zwei Tage später gaben auch die Bahnbetriebswerke Glauchau und Leipzig-Engelsdorf den Plandienst auf. Die Engelsdorfer 52 8186 blieb aber noch unter Dampf, denn am 5. Juni 1988 absolvierte sie vor planmäßigen Reisezügen nach Trebsen (Mulde) und Großbothen ihre Abschiedsfahrten. Für die Glauchauer 50 3519, 50 3576 und 50 3670 organisierten der Modelleisenbahnverband und die Reichsbahndirektion Dresden am 11. und 12. Juni 1988 ein großes Abschiedsfest mit einer Lokausstellung und Sonderzügen. Die offiziell letzte planmäßige Leistung erbrachte am 12. Juni 1988 die 50 3670, die den bekannten Sandzug Dg 56353 von Rochlitz nach Glauchau brachte.

Zwar galt der Traktionswechsel bei der DR nun als abgeschlossen, doch das stimmte nicht: Die Einsatzstelle Oschersleben des Bw Halberstadt setzte noch immer 50 3559, 50 3606 und 50 3662 vor Güterzügen auf den Strecken Halberstadt – Oschersleben – Magdeburg-Buckau, Blumenberg – Wanzleben und Blumenberg – Altenweddingen ein. Außerdem rumpelten sie bei Bedarf nach Gunsleben. Das Trio verdankte seine Gnadenfrist fehlenden Dieselloks der Baureihe 114. Die Ablösung der Maschinen wurde im wahrsten Sinne des Wortes „höchste Eisenbahn". Der jahrzehntelange Einsatz im schweren Güterzugdienst und fehlende Ersatzteile machten die Unterhaltung der Loks für die Schlosser zu einem echten Geduldsspiel. Die Instandhaltungskosten erreichten nun eine nicht mehr zu vertretende Höhe. Doch im Sommer 1988 gab es noch immer keinen Ersatz für die drei Reko-50er. Erst im September 1988 – die Heizsaison stand wieder an – ging die Dampflokzeit bei der DR unwiderruflich zu Ende. Zuerst schied die 50 3606 am 22. September 1988 aus dem Betriebsdienst aus. Ihr folgte am 5. Oktober 1988 die 50 3662, die als Heizlok nach Magdeburg-Rothensee umgesetzt wurde. Als letzte Reichsbahn-Dampflok fuhr schließlich die 50 3559 durch die Magdeburger Börde.

Die Eisenbahner des Bw Halberstadt wollten sich gebührend von der 50 3559 verabschieden. Wie in den Hochzeiten der 50.35 sollte sie noch einmal Reisezüge auf der Strecke Magdeburg – Thale bespannen. Doch diese wären fast ausgefallen. Ein Schieberschaden beendete am 22. Oktober 1988 den Einsatz der 50 3559. Doch die Leitung des Bw Halberstadt entschied, die Lok noch einmal zu reparieren. Frisch lackiert und festlich geschmückt bespannte die 50 3559 am 29. Oktober 1988 die Züge P 8447, P 8448, und P 8457. Am späten Nachmittag dieses Tages, eine Viertelstunde nach fünf Uhr, machte die letzte Reichsbahn-Dampflokomotive pünktlich Feierabend. Eine Epoche war nun zu Ende.

Einfahrt Wechselburg

Von Karl-Marx-Stadt kommend erreicht am 3. Februar 1986 ein Güterzug die Einfahrsignale in Wechselburg. Rechts das Gleis der Muldentalbahn von Glauchau, im Hintergrund der Göhrener Viadukt im Morgendunst (DH)

Blick ins weite Land

Von oben wirken alle Probleme klein, auch die der DDR: Herrlicher Ausblick aus der Heizerperspektive von der 50 3696 und dem Markersbacher Viadukt herunter (DH)

Begegnung

16. Mai 1986, Bahnhof Waldenburg: Die eine 50er wartet, die andere stampft mit ihrer Fuhre Sand das Muldental hinauf (DH)

50 3657-9
H

Prachtwetter

Ein strahlend blauer Himmel, Schnee – Postkartenwetter herrschte am 4. Januar 1987 im Erzgebirge, als eine 50er den Containerzug hinüber nach Annaberg-Buchholz zu bringen hatte (DH)

Abschiede überall

Mit den Namen von Lokführer und Heizer an der Rauchkammertür verabschiedet die Glauchauer 50 3519 die Dampfära (DH)

Abschied am 29. Oktober 1988

Dieser Personenzug 8448 war der vorletzte planmäßig mit einer Dampflok bespannte Zug der Deutschen Reichsbahn. Die 50 3559 vom Bahnbetriebswerk Halberstadt ist hier noch in Oschersleben auf dem Weg nach Thale (FK/AG)